湛庐CHEERS

与最聪明的人共同进化

HERE COMES EVERYBODY

微积分的人生哲学

THE CALCULUS OF FRIENDSHIP

[美] 史蒂夫 · 斯托加茨 著　　李晓东 译
STEVEN STROGATZ

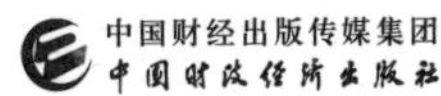

献给

$\int$

我的老师乔夫里（Joffray）先生，

也献给每一位像他一样的老师

———

史蒂夫·斯托加茨

Steven Strogatz

中文版序

关于人生，
我从数学中学到了一切

《微积分的人生哲学》一书能与中国读者见面，我非常高兴，同时也深感荣幸。

还记得，当我第一次与美国的出版商谈及此书时，他们中的很多人都既好奇又担心。他们对我讲述的故事梗概很感兴趣：我与我的高中微积分老师通信长达 30 多年，我们兴致勃勃地讨论数学问题，却很少分享生活中的事情，直到有一天，我们发现我们之间的友谊是如此深厚，已经远远超越了微积分。

出版商想知道的是我能不能只讲故事而略去数学。众所周知，读者害怕一切与数学有关的事物，因此出版商担心很多人会害怕阅读一本满是方程与符号的书。但实际上，数学根本不是问题。读者可以根据自己的知识背景要么享受它，要么跳过它。无论是哪种情况，大家都会觉得这个故事很感人，是献给老师的一份爱的礼物。我希望你们也有同感。

本书的大部分章节以我或者我的老师生活里发生的故事为开端，然后简单介绍了我们着迷的数学问题，再之后是对这些数学问题的深入讨论。这些讨论有些是从我们的信件中摘录的，有些则是信件的全文。

虽然书中可能有上百个方程式，但你完全可以跳过它们，这丝毫不会影响你对故事脉络的把握。当然，即使这些数学问题对你毫无意义，你可能也想看看它们。这些公式在视觉上非常美，它们就像艺术。

这些数学问题很多都是我的老师乔夫里先生向我求解的，都是他聪明的高中学生提出来的，因此只要有一点微积分基础的人就可以看懂我的答案。有复杂数学背景的读者会看到信中没有任何深奥的东西，尽管如此，我还是希望你们能理解并欣赏其中的研究精神。

在每一章中，你也可以找到一些数学主题。我希望这对那些想寻找新颖问题来让平日的教学更生动有趣的老师有所帮助。

史蒂夫·斯托加茨
于纽约州伊萨卡

前言

比微积分更深奥的东西

在过去的 30 年里，我一直与我高中时的微积分老师乔夫里先生保持通信。这期间，发生了很多重要的事。乔夫里先生的职业生涯经历了从鼎盛时期到退休的过程，他参加了一项国际水平的皮划艇比赛，还经历了一次白发人送黑发人。我则从一个年轻气盛的数学“怪胎”成长为常春藤联盟大学的教授，其间经历了丧亲之痛，还错误地步入了一场注定要失败的婚姻。

值得一提的并不是这 30 年人生当中的起

起落落，我们在书信中很少谈论这些事情。相反，我们的交往、我们的友谊，几乎全部建立在对微积分的共同热爱的基础上。

我对此从未感到有什么不对劲，直到我太太卡罗尔（是的，我再婚了，我很快乐）取笑我："30 年来，你一直给他写信？那你们一定非常了解彼此。""不完全是这样，"我说，"我们写的都是数学问题。""你们这些男人啊！"她摇摇头说道。

她的问题令我陷入深思。我对我的老师到底了解多少？为什么我们之间没有讨论更多的人生话题？可是我们彼此又非常享受这种交往方式，这样有什么问题呢？

这些问题不停地困扰着我，我不知道该如何回答，或者是否应该去寻找答案。最终，我在自己办公室的一个绿色文件夹中找到了线索，在这个文件夹里面，我与乔夫里先生关于数学问题的信件厚达 10 厘米。

初上乔夫里先生的微积分课时，我才 15 岁。他与我遇到的其他老师不同：他崇拜自己教过的一些学生。他给我们讲关于这些学生的故事。这些传奇让他们听起来像奥林匹斯十二神般的人物——只不过是数学之神。对我来说，与其说他是我的老师，不如说他是我的“粉丝”，他对我发现和解决的问题总是赞叹不已。

在我毕业之后，有些事情让我想与他保持联系。最初，我写的信是关于一些我想他可能会感兴趣的数学问题。这些问题都是我从大学课程里挑选出来的精华。这类信很少，差不多一年一封。他给我写过回信，但这些回信一封也没保留下来，因为那时我从未想过要保留它们。

十年后，当我成为大学教授时，我们的通信才逐渐频繁起来。我们的通信也总是保持着相同的模式：乔夫里先生写信要我帮助他解决一个难题，通常是学校中数学高级班的学生提出来的。这样的信一来，我就会停下手头的事情，看看我能否帮上忙。一方面，他们提出的有趣的小问题，让我开启了关于微积分的美丽之旅；另一方面，也许更为重要的是，他们给了我一个机会，让我向热爱学习数学的人、向老师所能遇到的最好的学生，以及那些有充分准备并带着喜悦和感谢之心的人讲解数学。

乔夫里先生退休之后，就没有学生向他提问了，所以我们的通信也渐渐少了，或者说是我对他的需要和与他的互动变少了。事实上，他写给我的信比以往任何时候都要多，多到让我有点儿招架不住。他还安慰我，让我不必有心理负担，他完全能理解，知道我一定是工作很忙，还要养家糊口。具有讽刺意味的是，那时我也到了当年他教我时的年岁了。

2004 年 1 月，我又收到了他的来信。我一看信封就感到了一丝忧虑。那歪歪扭扭的手写字令我想起了我父亲患上帕金森综合征时的情形。

亲爱的史蒂夫：

唉！我星期四中午轻度中风了，右手失去了所有知觉。几个小时之后，我想动动手指，试着握拳看看能不能使上劲儿，可是我的手不听使唤了！没人需要独臂钢琴手，所以我明天不能参加爵士四重奏的演出了。

……

我查了一下这种病的死亡率，才惊觉这么多年来我并没怎么关心过他。我才开始有了一种强烈的愿望，想去探望乔夫里先生，想了解数学背后的这个男人究竟是怎样的一个人。

微积分是一种关于变化的数学研究，它的精华在它最初的名称中得到了最佳体现。它的创立者之一牛顿将其命名为“流数”（fluxion），这个名称让人想到系统总是在运动和发展的。

如同微积分本身，本书也是对变化的探索，是随着一个学生和他的老师角色的互换，以及随着他们年龄的增长和生活的锤炼，在一个学生内心发生的变化。通过这些变化，凭着对微积分的热爱，学生和老师的联系密切起来。对他们来说，微积分不只是科学，它更像他们共同热衷的游戏——这通常是两个男人之间友谊的基础，是万变中的永恒。

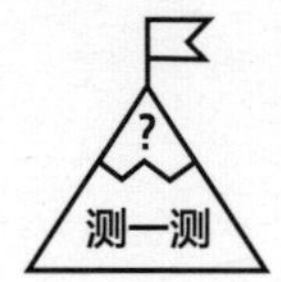

微积分的人生哲学，你了解吗？

扫码鉴别正版图书
获取您的专属福利

- 数学本身是一种社会性很强的活动吗？（ ）

  A. 是

  B. 否

- 微积分与人生的相似之处有：（ ）

  A. 没有断点

  B. 对变化的不断探索

  C. 不是所有问题都有明确答案

  D. 以上全部

扫码查看完整的题目及答案
一起走进微积分奇妙的世界

- 清晨，一位和尚从山脚下出发去山上的寺庙，他在日落时分到达寺庙。几天后，他在日出时从寺庙出发沿着原路下山，但下山的平均速度快于之前上山的速度。请问：和尚在这两段路程中，是否会在同一个时刻途经同一个地方？（ ）

  A. 是

  B. 否

扫描左侧二维码查看本书更多测试题

目 录

THE

CALCULUS

OF FRIENDSHIP

∫

第一部分

直线的青春岁月

THE CALCULUS OF FRIENDSHIP

第 1 章

人生没有断点

如果你起步正确，

努力做下去，并且每一步都正确，

尽管过程可能令人煎熬，

但从逻辑上说，你最终一定会胜利。

答案就是你的回报。

微积分如同电影，把现实想象成一系列快照，然后再把它们按照时间和画面顺序重新组合起来，将这些无法觉察的变化连续起来，带给人一种无缝衔接的错觉。

微积分是以连续性为基础而蓬勃发展起来的学科。其核心假设是：事物都在平缓地发生变化，任何事物都与其此前的一刻有着无限小的差异。

没有微积分，现代生活寸步难行。这种理解变化的方式是强大的，并且超越了任何语言，这可能是迄今为止人类最伟大的想法之一。微积分让我们能够到月球去旅行，以光速来交流，在宽达数百千米的河面上架桥，还能有效阻止疫情的扩散。

但微积分又是简单质朴的，类似于孩童般的纯真。经验告诉我们，变化可以是突然的、不连续的和螺旋式的。但微积分并不考虑这类变化，它坚持世界是没有任何意外的，在这个世界里，事物之间均存在逻辑联系，一件事必然会导致另一件事的发生。只要给出初始条件以及运动定律，就能预测未来，甚至可以重构过去。

我多希望现在就能这样做。但遗憾的是，我与乔夫里先生的书信是断断续续的。有的信被弄丢了或扔掉了，那些保留下来的则是让人难以辨认的片段和情感。有时它们只讲述了部分事实，有些则拨云见日，当然也有一些内容是有意略去的。

初识乔夫里

那是 1974 年，在我高二下学期的时候，我选修了约翰逊先生开设的“微积分基础”课程。约翰逊先生毕业于麻省理工学院，年纪在 35 岁到 40 岁之间，他个子很高，人也十分严厉，不苟言笑。

我的一些朋友在乔夫里先生的班上学习同样的课程。那时我没有跟乔夫里先生说过话，对他所知甚少。学校里有很多关于他曾获得皮划艇全国冠军之类的传说。他是那种光看外表就会给人留下深刻印象的人——健硕的胸肌、肌肉发达的手臂和腿，头发剪得非常短。

当我们学到一个在微积分中非常基本却难以理解的定义，即有关连续性的严谨定义时，约翰逊先生讲了一些我之前从其他任何一位老师那儿都没听说过的话，他说他要给我们讲一些我们不会理解却必须学习的概念，这让我有不祥的预感。他提到用 ε-δ 语言定义函数的连续性：

若函数 $f(x)$ 在实数集 $\mathbf{R}$ 上连续，对于任意 $\varepsilon>0$，总存在 $\delta>0$，即当 $|x-y|<\delta$ 时，有 $|f(x)-f(y)|<\varepsilon$。

他说："我们在学习过程中会遇到这个定义 4 ～ 5 次，且每一次都会加深对它的理解。虽然万事开头难，但总要有第一次，所以让我们开始学习吧！"

如他所言，我们班的同学在理解用 $\varepsilon-\delta$ 语言定义函数的连续性的逻辑时遇到了很多困难。后来我们听说乔夫里先生在他们班讲这个问题时所用的方法完全不同。他根本没有尝试去解释 ε 和 δ，他说，一个连续函数就好像你在纸上画图，你的铅笔始终不离开纸面，那它就是连续的。

这让我学到很多。直观来讲，那确实是“连续性”的意义。它触动了我，以我高中二年级的理解能力，这种直观的讲解方式的确比较简明易懂，但同时也回避了难点。我也因此开始对乔夫里先生的能力产生了怀疑，也许他并不像其外表那样强悍。我庆幸自己选修的是约翰逊先生的课。

第二年，乔夫里先生成了我的老师。现在我可以近距离地打量这个男人了。他整洁的外表再次给我留下了深刻印象。他的手是我握过的最大的手，完全把我的手包住了。每当他在黑板上写字时，每一笔都会让粉笔化成粉末，结果粉尘和粉末漫天飞舞。上完课，他的身上就落满了粉笔灰。

他非常热爱户外活动（这些活动对我毫无吸引力，我喜欢打网球和篮球，但我不喜欢树林，因为虫子太多了，我也不喜欢划独木舟以及背包旅行之类的活动）。在一本年报里，有一张照片捕捉到乔夫里先生在他喜欢的“栖息地”的画面：他在一棵高高的树上，检查他亲手造的一个鸟窝。他也是一个叫“达尔文俱乐部”的社团的指导老师。虽然我不知道他们具体是做什么的，但肯定与户外活动有关。

乔夫里先生在检查他亲手造的鸟窝

山羊与斐波那契数列

好了，说说乔夫里先生的课堂吧！他的课堂很有意思。他总是那么开心，对人也很友善，并且充满热情，虽然是对一些奇怪的事情。有一次，他一进校门就将一只山羊用一条很长的绳子绑在了树上。山羊固执地不停拉绳子，试图逃脱，结果却是被绳子一圈又一圈地缠得更紧了。接着他让我们为山羊的缠绕路径列一个方程。

我毫无头绪。他与那位有着麻省理工学院强大背景的、温和而严肃的约翰逊先生完全不同。我真看不透这个正在给我上课的人，但他还是很平易近人的，所以以上种种也就算不上很大的问题了。

数学本身非常有趣也很容易。我可以从书本中学习几乎所有知识。乔夫里先生的课程并没有讲很多额外的内容，除了那些奇怪的自然问题。

有时他在讲解一道题时会突然中断，然后向我们讲起他以前教过的最优秀的学生，随后便陷入遐想，这时的他会注视远方且面带微笑。片刻平静之后，他对我们说，杰米·威廉姆斯（他以前的一个学生）已经得出了斐波那契数列第 n 项的公式。这项成就确实值得铭记。

> 斐波那契数列就是 0，1，1，2，3，5，8，13，21，34，…，这个数列以数字 0 和 1 开始，之后每一个数字都是它前面两个数字的和。

这个问题是这样的，如果 $F_0=0$ 且 $F_1=1$，求第 n 项 F_n 的公式。如果你对 F_{100} 或 F_{1000} 感兴趣，你就需要这样一个公式了，而不会想把那些中间项一直相加到第 100 项或第 1000 项再得到一个答案。有没有一个简洁的公式能用 n 直接表达 F_n 呢？答案令人赞叹：

$$F_n=\frac{\left(1+\sqrt{5}\right)^n-\left(1-\sqrt{5}\right)^n}{2^n\sqrt{5}}$$

杰米·威廉姆斯是怎么得到这个公式的呢？

他成了我不可思议的啦啦队员

随着时间的流逝，我发现我就像那只被绳子绑在树上的山羊，而乔夫里先生就是那棵树。我不断拽紧绳子想远离他，但最终我和他的距离却越来越近，这些年来一直如此。

怎么会这样呢？这一切并不是因为他教给我很多，甚至他的方式是简单的、不合乎常规的，这让我十分困惑。我觉得我比他强，虽然我羞于承认，但事实就是这样。

看看他都做了什么。

他非常从容地提出一个问题，一点儿也不急，然后他就站到一边。通常我会和本比赛看谁能先解决这个问题。如果我们都解出了这个题目，我们就看谁的方法更好。

本非常出色，他比我小一岁，个子矮小但头脑敏锐，兴趣广泛（和他在一起，我总觉得自己是个土包子）。他是那种天才型选手，他思考问题根本不用写，他就像是一个哲学家，灵感来了，他写下几行方程，略算几步，问题一下子就解决了！

而我属于勤奋型，没有本聪明（回想起来，我认为本比我更有数学天分）。我的风格是简单直接的，我愿意寻找破解问题的方法，即使那个方法很笨拙或者很费力，要花几个小时做演算，我也并不介意。因为经过不懈努力，我最终一定会得到正确的答案。

事实上，我就喜爱数学的这一点，它很公正。如果你起步正确，努力做下去，并且每一步都正确，尽管过程可能令人煎熬，但从逻辑上说，你最终一定会胜利。答案就是你的回报。

当我拨开演算的迷雾时，我获得了极大的成就感，同时还有另一个奖励。乔夫里先生是一个不可思议的啦啦队员，他时不时地把我和本做比较，把我们比作乌龟和兔子，目光中流露出一种近乎敬畏的欣赏和喜悦。

在我高三结束时，学校举行了年度颁奖礼。当颁发伦斯勒数学和科学奖的时候，他们念到了我的名字。如果我没记错的话，当时是乔夫里先生为我做的致辞。他把我比喻成一个攀登者，勇攀数学高峰，最终将带着传奇归来。

他的致辞让我听起来非常伟大，像个英雄。

第 2 章

人生总是螺旋式的，也可能无解

有些数学问题是无解的，

不可能获得明确的答案，

正如我们的人生一样。

修完学校提供的数学课程之后，在高中的最后一年，我与乔夫里先生分开了，并且开始自学。我每天花一小时独自坐在空荡的教室里，阅读关于多元微积分的书，或者探索惠更斯摆钟之谜。其他时间我用来做研究，通常都是关于追逐问题的。我完全被这类数学家称为“追及”（pursuit）的问题迷住了。

我第一次知道追及问题是在乔夫里先生的课堂上。问题是这样的：

> 假设一个邮递员正在尝试摆脱一条追着他跑的狗。邮递员从原点O出发，然后以匀速v沿着直线跑。与此同时，那条狗从直线外的某一点出发，以匀速w跑向直线，到达直线后突然改变方向，使它总能直奔邮递员当前所在的位置，请列出这条狗的追逐曲线方

程（见图 2-1）。

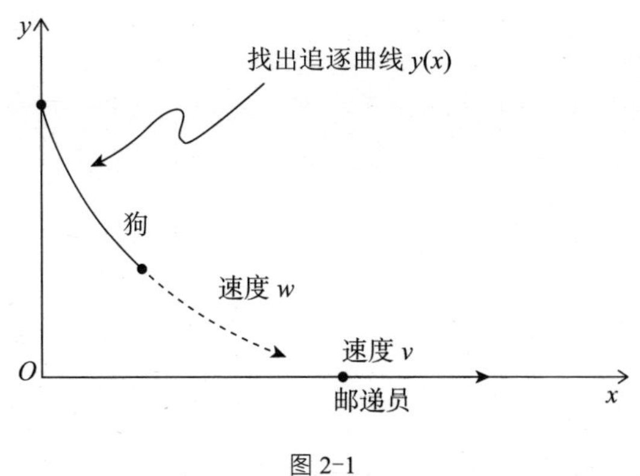

图 2-1

典型的乔夫里式问题

还有一道追及问题更具有乔夫里的特色：

一个皮划艇运动员正在奋力划向对岸的某处。划皮划艇的人是那种目标坚定但头脑简单的人，总是直奔目的地，即使河流正把他冲向下游也是如此。假设河水水流速度是常数 v，皮划艇运动员以相对于水

流的常速 w 划行，请给出皮划艇的运动路径（见图 2-2）。

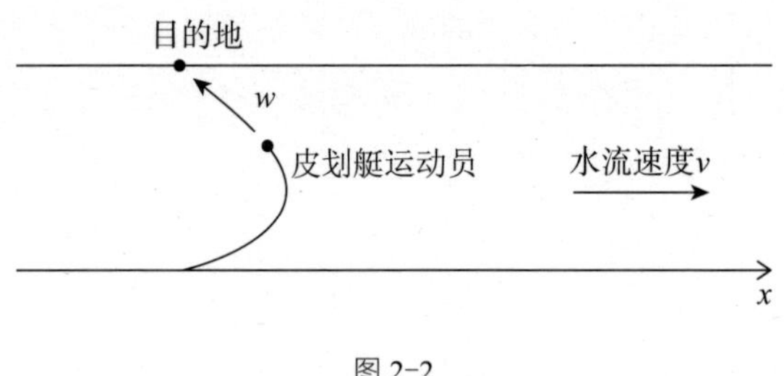

图 2-2

这两个追及问题，一个是关于小狗和邮递员的，另一个是关于一心想划到对岸的皮划艇运动员的，都是微分方程的练习题。这些都是关于微积分的方程，关于通量和变化。微分方程描述的是系统如何根据作用于它的力的不断变化而改变自己。所有这些推力和拉力都让系统处于新的条件或新位置中，而这时力又会再次发生改变。例如，在狗和邮递员的问题中，邮递员一直保持运动状态，所以那条狗就必须时刻修正前进方向。

这正是微积分背后最令人赞叹不已的概念，试想一下，在即时的、每个无穷小的时间单位里正在发生什么。实际上，你正把一种无法言喻的思想变成一个强有力的预测工具。我们可以根据狗的行进路径在每个时刻的变化写出一个微分方程，表达“瞄准”的概念。通过解这个方程，我们知道了那条狗必须遵循的整个行进路线。整个轨迹是建立在狗追邮递员的无限小步子的基础上的。

这种把世界上任何事物都看成由无限小的变化累加而成的观点，是微积分最具革命性的见解。想出如何把这种思想变成可运算的数学方法是一个突破，这直接导致了17世纪微积分的创立。当时牛顿想通过计算推测出行星是如何运动的。他想到行星的运动是受不断变化的万有引力作用的，当它们绕太阳旋转时，它们与太阳的距离也在变化，这就改变了它们受到的引力。当行星在下一时刻移到一个新位置时，万有引力又会略有不同。计算出行星的运动轨迹就成了微分方程的一个问题。

通过解决追及问题，你会觉得自己正在与牛顿同行。这种感觉多好啊！

我们能解的问题只是少数

乔夫里先生给我们出的追及问题虽然很有挑战性，但还是可以解答的。这些追及问题的共性强化了我对数学公正性的感觉。我要做的就是把文字表达的问题转化成正确的方程式，耐心且准确地解代数问题，就一定可以得到正确的答案。

最先让我意识到我的浅薄的是我自己编的一道题。它很像那些我解过的追及问题，但由于某种原因，这道题变得特别难解，我花了好几个月的时间来解这道题。它既令我沮丧又让我极度渴望。我认为只要我付出足够的努力，肯定能攻克它，数个月的挫折会让征服的感觉变得更加美妙。

问题是这样的：

假设一条狗在一个圆形的池塘中间看见一只鸭子在围绕圆周游泳。狗为了追赶鸭子总是直接向它游去。换句话说，狗的速度向量总是与它和鸭子之间的连线有关。与此同时，鸭子以尽可能快的速度、按逆时针方向沿着池塘边游动以摆脱狗的追赶。假设这两种动物以相同的速度匀速游动，请列出狗游动路线的方程（见图 2-3）。

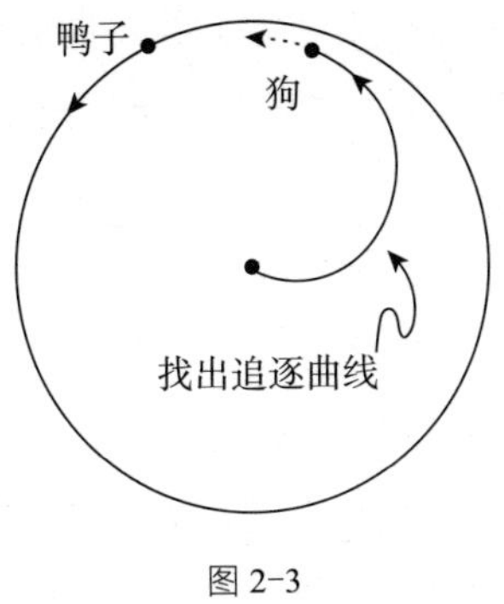

图 2-3

狗渐渐接近鸭子所在的圆周的路径显然是螺旋式的。什么方程能表达螺旋线呢？

和绑在树上的山羊不同，山羊身上的线是越缠越紧的螺旋线，而这是一条扩展式螺旋线，从中心开始越来越大，但不会超过圆周的边界。

多么迷人的路径！

我算不出来。我试过了所有我能想出来的变量的变化，我还试图把这个问题简化成一个巧妙的微分方程。这个方程看起来应该是有解的，但我就是解不出来。

我当时不了解的是，有些数学问题是无解的，不可能获得明确的答案，正如我们的人生一样。

就像这个例子，没有公式可以表达狗追及的螺旋式路径，用我们常用的初等数学函数无法描述它，这个问题无解。

后来，我意识到这是一个法则，而不是一个例外。在这种情况下，大多数微分方程是无解的，我们的“公式图书馆”不足以解决它们。那些我们在高中学过的、能解的问题只是少数，因此弥足珍贵。

THE CALCULUS OF FRIENDSHIP

第 3 章

改变参照系，你会变得很强大

有时正如相对论所指出的那样，
当我们用正确的参照系去看待事物时，
一个令人沮丧的问题会变得更加清晰。

相对论是以共情（empathy）为基础的。这里“共情”并不是通常所指的情感意义上的共情，而是严密的科学意义上的共情。其核心思想是想象当事物出现在一个与你的移动方式不同的人面前时会怎样。

在人们认为地球围绕太阳旋转的言论很荒谬的时代，伽利略让质疑者想象一下自己被幽禁在一艘巨轮甲板下的情景：

你的船舱里没有舷窗，所以没办法看到经过的海岸线。如果海上风平浪静，船以一个稳定的速度直行，你怎么知道自己正在移动呢？你无从知晓。此时你观察到的东西与你静止状态下观察到的完全相同：把红酒倒入酒杯，它会垂直落入酒杯，与在陆地上的情形一样。这是因为你船舱里的每件东西，家具、空气、红酒都随着船在一起移动。

基于同样的原因，伽利略提到，地球也是在移动的，只不过我们无法察觉。

爱因斯坦与他的相对论

300 年后的爱因斯坦想知道，如果他以光速行驶会看到怎样的景观，电磁波会不会违反麦克斯韦方程组而静止不动呢？远处的时钟看上去会不会停止摆动了呢？基于对这些问题的探索，他提出了狭义相对论，该理论对时间与空间、质量和能量等问题的见解是极具颠覆性的。后来，他又提出了一个问题，如果观察者站在垂直下落的电梯里（假设他保持镇静的时间足够用来观察），物理定律会是怎样的呢？

我十几岁的时候非常崇拜爱因斯坦。不仅因为他才华横溢，还因为他亲切善良。尽管听起来有点可笑，但我报考普林斯顿大学主要就是因为他。我想走近他，踏着他的足迹前进。入学后不久，我就拉上几个同学一道去参观他的故居。直到最近，我才开始从不同的角度去审视他。他并不完美，从某种角度讲，他甚至有点可悲。尽管从很多方面来讲，爱因斯坦都是一个有趣的人，但他意识到自己错过了人类最深层次的亲密关系。他曾经写道："我是一个真正的'孤独旅行者'，我的心从未全部属于国家、家庭、朋友，甚至也没有属于我的亲人。"爱因斯坦的全部共情都是理论上的，他很奇怪，总是与最亲近的人保持着距离。

写给乔夫里先生的第一封信

我和乔夫里先生开始通信的时间是 1977 年 3 月 26 日，那是我大学一年级的春天。我不记得促使我写信的原因了，毕竟在我高中最后一年，当我独自解决了追及问题后，我们就再也没有联系过了。尽管之前我非常喜欢上他的微积分课，但这并没有让我和他的关系变得特别亲近。他既不是我的导师也不是值得我信任的顾问，另一位老师迪克西奥先生才是。而且除了微积分，我和乔夫里先生没有任何共同爱好。我对自然、团体运动、水上运动等都不感兴趣。不过肯定有某种原因促使我给他写了第一封信，那是什么呢？

当我现在重读这封信时，看到"我爱普林斯顿大学的一切（到目前为止只有我的数学老师除外）"的时候，我能够看出，我想掩盖的东西比想要表达的更多。

我不愿承认的是，大学里的第一门数学课就让我垂头丧气，这也让我改变了对自己的看法。那是一门偏重证明的线性代数课，是为那些想以数学为专业的大一新生开设的。它属于严谨抽象的数学，如果你想成为一名纯粹的数学家，你就得擅长这些东西。线性代数课的教授是一位著名的拓扑学家，他很腼腆，第一次给我们上课时，他是沿着墙边溜进来的，好像希望自己是隐形人一样。整个学期，他上课时都低头看着自己脚上那双鞋子，用手摸着自己的红胡子。有几次，我壮着胆子向他提问，他好像受到了惊吓，结结巴巴地回答我。我看书、做作业、上课认真听讲，可还是不明白他在讲什么。那非常可怕！不管我怎么努力，我就是不明白。教科书很枯燥，上面的字密密麻麻，也没有插图，作业更是让人莫名其妙。只要一想到即将到来的考试，我就想上厕所。

我给乔夫里先生的信中省略了很多细节，甚至在信里的一些闲谈也显得多余，我想这情有可原。在为“跑题”道歉之后，我把话题转到数学，具体地说是追及问题，它就像乔夫里先生一样，是我从前无忧无虑时期的老朋友了。

这封信的主题是：改变你的参照系，你会变得很强大。有时正如相对论所指出的那样，当我们用正确的参照系去看待事物时，一个令人沮丧的问题会变得更加清晰。

换个方式，不用对数螺旋又如何

在接下来的信中，我们讨论了四条狗的追逐问题。

> 有四条狗从一个边长为 a 的正方形的四个顶点出发，每条狗都按逆时针方向追逐它前面的那条狗。如果它们以相同的速度同时起跑，当它们在正方形的中心相遇时，每条狗跑了多远（见图 3-1）？

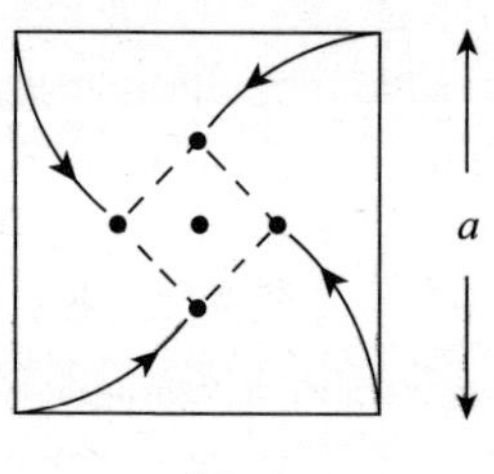

图 3-1

这个问题看上去很难。所有狗都在追赶它前面的狗，其追逐路径都是螺旋式的。因此，这个问题其实就是设法找到螺旋式路径的弧长。

解决这个问题的传统方法是用微积分。想一想，在任何给定的时刻，这些狗会在哪里。由问题的对称性可知，它们总是在原正方形内的一个小正方形的顶点处，这个小正方形的中心与原正方形的中心重合。小正方形随着狗的互相追逐而不断旋转并缩小。

现在我们来看在缩小的正方形顶点处的一条狗的情况。设它到中心的距离为 r，然后用极坐标来考虑这个问题。

在下一个瞬间 $\mathrm{d}t$ 里，这条狗向目标方向（它正在追逐的狗）移动的距离为 $\mathrm{d}s$。那个小小的弧长 $\mathrm{d}s$，可以看成是直角边长为 $r\mathrm{d}\theta$ 和 $-\mathrm{d}r$ 的一个无穷小的直角三角形的斜边长（这里，我们假定 $r\mathrm{d}\theta$ 是一条线段，而不是一段圆弧）。注意，因为 $\mathrm{d}r$ 是负的，所以必须写成 $-\mathrm{d}r$。如图 3-2 所示，在下一个瞬间，狗移动的距离减少了它与中心的距离 r。

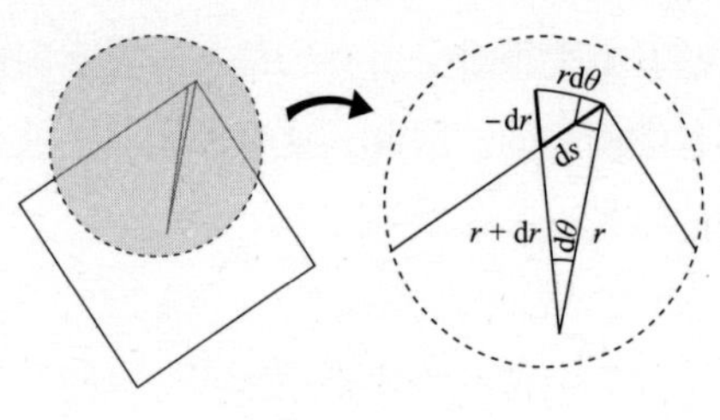

图 3-2

看一下那个无穷小的直角三角形，我们可以看出，它实际是一个底角为 $\frac{\pi}{4}$ 的等腰直角三角形。所以我们得到 $\tan\frac{\pi}{4}=\frac{-\mathrm{d}r}{r\mathrm{d}\theta}$。

由于 $\tan\frac{\pi}{4}=1$，所以狗追赶的路径方程 $r=r(\theta)$ 满足以下条件：$-\frac{\mathrm{d}r}{r\mathrm{d}\theta}=1$。

这个微分方程很容易解，只要把 r 从 θ 中分离出来，再两边积分：$\int\frac{\mathrm{d}r}{r}=-\int\mathrm{d}\theta$，就可推出，$\ln r=-\theta+C$，或者等价于 $r=K\mathrm{e}^{-\theta}$，这里 $K=\mathrm{e}^{C}$。

这是对数螺旋曲线的方程，对数螺旋曲线是由伯努利兄弟最先研究的著名而美妙的图形。伯努利兄弟是继牛顿之后那批最伟大的数学家中的两位。

要估计常数 K，注意条件是 $\theta=0$、$r=\frac{a}{\sqrt{2}}$（如果在我们解决这个问题时，狗处在图 3-3 中的正方形中）。

这样 $r(\theta=0)=\frac{a}{\sqrt{2}}$，又由于 $r=K\mathrm{e}^{-\theta}$，我们可得出 $K=\frac{a}{\sqrt{2}}$。因此，$r=\frac{a\mathrm{e}^{-\theta}}{\sqrt{2}}$ 是其中一条狗追踪的曲线。

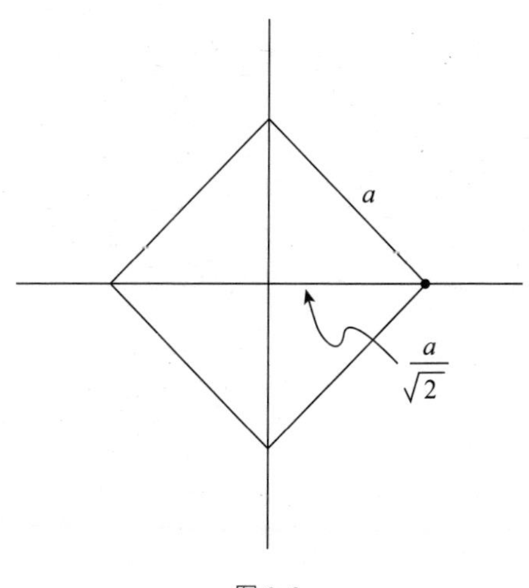

图 3-3

要完全解决这个问题，我们需要知道当这条狗在中心和其他狗相遇时，它已经跑了多远。这时 $r = 0$，意味着 $\theta \to \infty$（当螺旋线无限增加时的情况）。

从 $\theta = 0$ 到 $\theta = \infty$ 这段弧的长度可以按下列方法计算：根据等腰直角三角形我们得知 $\mathrm{d}s = \sqrt{2}\ r\mathrm{d}\theta$。这是根据毕达哥拉斯定理推导出来的，这里我们把 $\mathrm{d}s$ 看作斜边，$r\mathrm{d}\theta$ 看作底。现在用 $r = \frac{a\mathrm{e}^{-\theta}}{\sqrt{2}}$ 替换 $\mathrm{d}s = \sqrt{2}\ r\mathrm{d}\theta$ 中的 r，得到 $\mathrm{d}s = a\mathrm{e}^{-\theta}\mathrm{d}\theta$。因此 $s = \int \mathrm{d}s = a\int_0^{\infty} \mathrm{e}^{-\theta}\mathrm{d}\theta = a(-\mathrm{e}^{-\theta}\big|_0^{\infty}) = -a(0-1) = a$。

这是个可疑的简单答案：当这条狗与其他三条狗在正方形的中心相遇时，每条狗总共跑的距离是 a，与正方形的边长相等。

下面这封信是关于不用微积分该如何解决这个追及问题的。

亲爱的乔夫里先生：

我这次要告诉您一个真正有价值的方法！还记得

下面这个问题吗（当然是个追及问题）？有四条狗相互追赶，每条狗都从正方形的一个顶点出发，按逆时针方向追逐它前面的那条狗。当它们在正方形的中心相遇时，每条狗跑了多远？

您也许记得那个令人印象深刻的答案，它们跑的距离等于边长 a（见图 3-4）！现在我把这道题推广至有 n 条狗从一个正 n 边形各顶点出发的情况。其答案也是很简洁的：

$$d = \frac{a}{2}\csc^2\frac{\pi}{n}$$

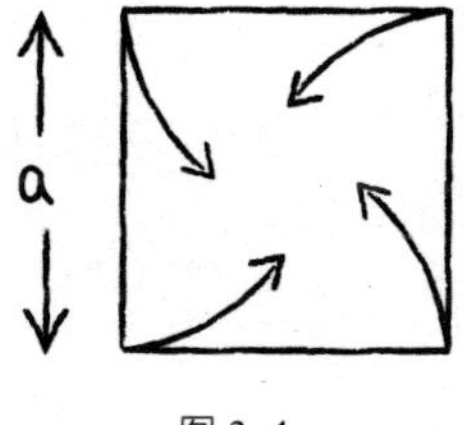

图 3-4

这里 a 是边长。这些并不新鲜。但您记得吧，我曾经提到用直觉方法解决的可能性（它的可能性似乎微乎其微）。如果您在想我是不是要给您介绍一种直觉的解答方法，那么您猜对了。但首先……

我希望您一切都好，在卢米斯又顺利度过了一年。对我来说，快乐依旧，我爱普林斯顿大学的一切（到目前为止只有我的数学老师除外。这里三分之二的老师其实是数学家，而不只是老师。他们想在第二学期用严格的高级微积分课把我“淹死”，但幸运的是，我游出来了，游上了熟悉的数学六级课程的海岸。第一学期的线性代数也太抽象了，但我强制自己给这门课一个机会。我感觉就是这种抽象扼杀了杰米・威廉姆斯对数学的兴趣，我是不会让这种事情在我身上重演的。现在一切还好）。

我经常打网球，甚至还开始有了一些小小的社交活动。

好了，进入正题。

首先，让我们从四条狗开始。根据对称性，所有狗的相互位置始终都处在同一个正方形里，这一点，您同意吧？即在任何时刻，狗的速度的方向之间都呈直角。现在考虑把任意两条狗的位置连接起来的部分

（见图 3-5）。

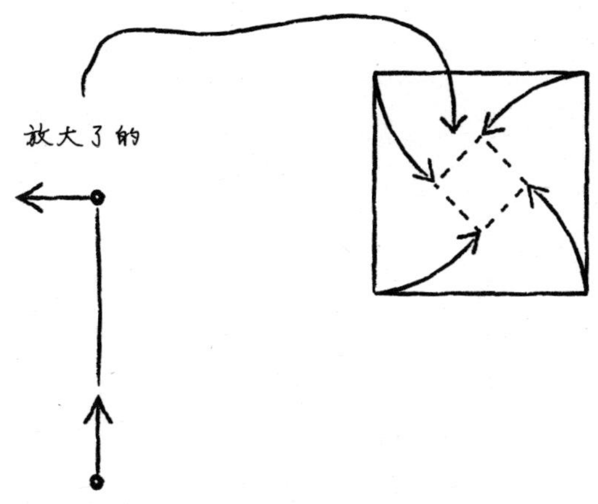

图 3-5

（棘手的部分要来了。）

在这个瞬间，沿着连接它们的线段，追赶者在这条线上拥有全部速度，而被追赶者的速度为 0。所以如果我们只考虑在所有瞬间这些连接的部分，那被追赶者就好像从未“跑开”一样，从这个意义上讲，它的速度相对于线段是正常的。被追赶者还是站在它的角落里不动——它的侧向运动要这么做该有多好。追赶者是坚决的，出发点是固定的。您看出追赶者跑的距离是 a 了吗？

如果您没有看出来，再换一种方式来看这个问题。在追赶者的头上放一部摄影机。它总是以让被追赶者在画面中心的方式旋转，实际上，这是错的，它根本不必旋转，是不是？

不管怎样，把摄影机放在它头上并打开，追击开始。追击结束后把胶卷取出，在一个屏幕上看结果。您将看到什么？

被追赶者出现在画面的中心，看不出来它在跑。您正在接近真相。您能把这个片段和下个片段（假设没有背景）区分开吗？被追赶者仍待在它的角落，追赶者跑了距离 a 并追上了被追赶者？您不能区分，所以两种情况答案都是 a（当然摄影机的说法只是一个比喻，用来抵消追赶者的正常速度）。

我把 n 边形的问题留给您做练习。我建议您还是用摄影机的方法。您应该能得出 $d=\frac{a}{2}\csc^2\frac{\pi}{n}$（抱歉，乔夫里先生，我忍不住给您留了作业）。

友谊长存。

史蒂夫

1977 年 3 月 26 日

附：上述方法是《科学美国人》栏目中的马丁 · 加德纳提出的。

又附：把这个题目给埃德 · 爱克，但别给他答案，看看他会怎么解答。

第 4 章

发现自己，走出无理数人生

有些人一生从未发现他们真正的热爱。

但幸运的是，

我通过试错，

发现并确定了自己真正热爱的事业。

学完线性代数后，我情绪低落，开始考虑是否应该从数学专业转到物理专业。大二时，我遇到了一位特别棒的老师埃利阿斯·斯腾，他教复分析这门课，于是我就继续以数学为专业了。

那一年，我哥哥艾安跟我长谈了一次。具体内容我已记不太清楚了，但记得那时我们一起开车回家过感恩节，他问我未来有什么打算、要学什么专业，等等，然后就试图说服我读医学院的预科。大家总是告诉我应该成为一名医生，因为“你喜欢数学和科学”“当医生，你可以做很多事，有些和数学有很大关系，比如放射学”。我母亲还会说：“你有一双多么灵巧的手啊！”

但是艾安采用了不同的策略。他是一位律师，有极好的判断力。而且他确信他的建议是适合我的。他说我应该学生物和化学，还有有机化学，因为我会喜欢这些学科的。学习这些课程不是因为它们会令我成为医生，而是因为现在学比以后忙的时候学会轻松得多。即使将来不上医学院，我仍然可以从这些广泛的科学背景中受益。

经过反复思考，我决定尝试一下医学预科课程。

当然这完全是非理性的。我对当医生根本不感兴趣。成为数学教授一直都是我的梦想。

1979 年 2 月，我给乔夫里先生写信时，我心里一直也是这种想法，但我只是简单提了一下。毕竟他既不是我的知己，也不是我的导师。他是一个享受我的数学之旅的人，而且我想我们之间只是分享数学问题。

数学家们对 $\sqrt{2}$ 的好奇心

这封信是关于 $\sqrt{2}$ 的无理性的。数学家关心这个数，是因为它对于几何来说是一个基本原理，它告诉我们，正方形的对角线相对于其边长的长度。例如，一个 1 单位长度乘

1 单位长度的正方形，其对角线的单位长度就是 $\sqrt{2}$（见图 4-1）。

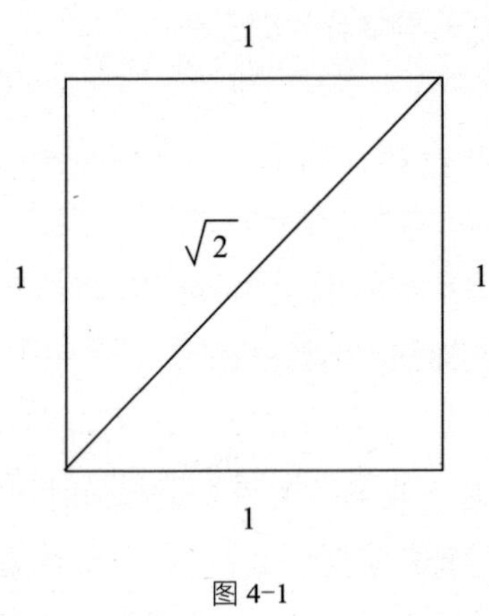

图 4-1

这个答案可以从勾股定理直接推导出来。根据勾股定理，一个直角三角形，两条直角边长分别为 a 和 b，斜边长为 c，则 $a^2+b^2=c^2$。把正方形的对角线看成是直角边分别为 $a=1$ 和 $b=1$ 的直角三角形的斜边，则得到 $c^2=1^2+1^2=2$，因此对角线的长度就是 $c=\sqrt{2}$。

古希腊人、古巴比伦人、古印度人，还有中国人，很早就知道正方形对角线的长度比其边长要长 40% 左右，但是这个基本而神奇的 $\sqrt{2}$ 到底是什么呢？

毕达哥拉斯学派最初猜测 $\sqrt{2}$ 一定是两个整数的比，他们非常想知道这两个数到底是什么。对这些数学家来说，这绝不是微不足道的好奇心，其实它是所有以“万物皆数”这种神秘思想为基础的研究的一部分。这种思想认为宇宙的法则都可以用数学表达，更具体地说，是根据小的整数来表达。毕达哥拉斯本人就发现音乐的和声是基于数字的：以同样的力度弹两根琴弦，但弹其中一根琴弦的时间是另一根的两倍长，则长的琴弦的音调正好比短的琴弦的音调低八度。事实上，任何长度琴弦之间的比都包含小的数字，如 2 ∶ 3、4 ∶ 3、5 ∶ 2，这使它们产生了美妙的和声。

基于这些，很自然就会期望 $\sqrt{2}$ 一定也是某些整数的比。它约等于 $\frac{7}{5}$，但又不完全相等，因为 $5^2+5^2=25+25=50$，而 $7^2=49$，接近但还不够。也许两个大点儿的数可以解决问题？

这就是问题所在。我们能找到两个整数 m 和 n，并让 $\sqrt{2}=m/n$，或者 $n^2+n^2=m^2$ 吗？

答案是否定的。$\sqrt{2}$ 是无理数，这意味着它不能写成两个整数的比。其哲学含义是深刻而令人称奇的。如果整数都不足以描述像正方形对角线这样简单的事情，又怎能寄希望于它表述毕达哥拉斯的其他原理呢？

毕达哥拉斯的学生之一希帕索斯发现 $\sqrt{2}$ 的无理性时，毕氏门徒愤怒异常，把他扔进了海里，淹死了他。

优雅强大的几何证明法

关于 $\sqrt{2}$ 是无理数有个标准证明。你可能听人们说过数学的某些方面是优雅的。但在我看来，这个证明一点儿也不优雅。而我在写给乔夫里先生信中的证明方法，倒可算是优雅的一例。

那个标准证明应该是这样的。假设 $\sqrt{2} = m/n$，m 和 n 是没有公约数的整数。换句话说，在开始证明前，我们先用公约数去除 m 和 n，得到一个真分数。这样做的目的是简明，它保证让 m 和 n 尽可能最小，也避免了一个数可以由好几个不同的分数表示所产生的混乱，如 1/2 = 2/4 = 3/6。

而用真分数，我们可以保证分数是用唯一的方式表达的。

下面我们要导出一个矛盾，表明对于任何 m 和 n，要写成 $\sqrt{2}=m/n$ 是不可能的。

证明：若 $\sqrt{2}=\dfrac{m}{n}$，则 $m=\sqrt{2}n$

$\Rightarrow m^2=2n^2$　　（两边都平方）

$\Rightarrow m^2$ 是偶数　　（因为它等于 2 乘“某数”，这里“某数”是整数 n^2）

$\Rightarrow m$ 是偶数　　（因为一个偶数的平方总是偶数，一个奇数的平方总是奇数）

所以现在我们知道 m 一定是偶数，这意味着我们可以把它写成 2 乘某数，即 $m=2p$，p 是一个整数。

现在矛盾来了。因为 $m=2p$，且 $m^2=2n^2$（见上面的推理），可以得出 $(2p)^2=2n^2$，可以推导出 $4p^2=2n^2$。除以一个公约数 2，得到 $2p^2=n^2$。这里就有问题了。因为 $2p^2=n^2$，

我们知道 n^2 也可以写成 2 乘某数，这就是说 n^2 是偶数，则 n 也是偶数。

因此，我们可以得出 m 和 n 都是偶数的结论。这就与前面 m 和 n 没有公约数矛盾了（前面刚刚证明 m 和 n 都是偶数，因此它们都是可以被 2 除的）。这就说明我们最初的假设是错误的，因此 $\sqrt{2}$ 一定是无理数，事实也是如此。

这个证明的逻辑是严密的，但还是有些麻烦。除了证明比较曲折之外，这个论断也主题不明。这个证明让 $\sqrt{2}$ 的无理性看起来像是数论而不是几何里的一个事实。我们开头提到的那些形状——正方形、对角线和三角形哪里去啦？

而我写给乔夫里先生的信中的证明则是纯几何的，是我在普林斯顿的老师贝内迪克特·格罗斯证明给我看的。

亲爱的乔夫里先生：

又到了我们年度数学问题的时间了！希望您和家

人都幸福快乐。到目前为止，一切都好！我的学习方向现在从数学转向医学了，这些医学预科课程非常有挑战性。但数学仍是我的最爱（我以它为专业），我忍不住要给您看一个几何中的基本事实，即 $\sqrt{2}$ 是无理数的巧妙证明（见图 4–2）。

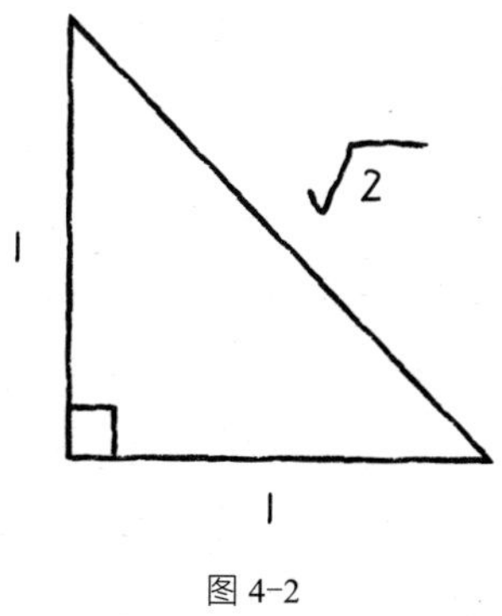

图 4–2

假设 $\sqrt{2}=m/n$，m 和 n 是整数。把 n 想象成这样一个数：它是我们重复相加某个单位长度的倍数，直到相加的结果等于边长（见图 4–3）。

我的意思是直角边长是单位长度的 n 倍，而斜边长是单位长度的 m 倍。在 BC 上找到一点 D，使 $DB=AB$。画一条垂线 DE（与 AC 相交于点 E），然后

连接 *EB*（见图 4-4）。

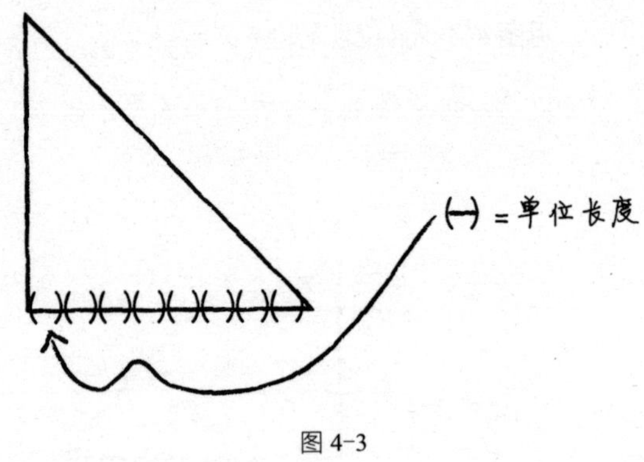

图 4-3

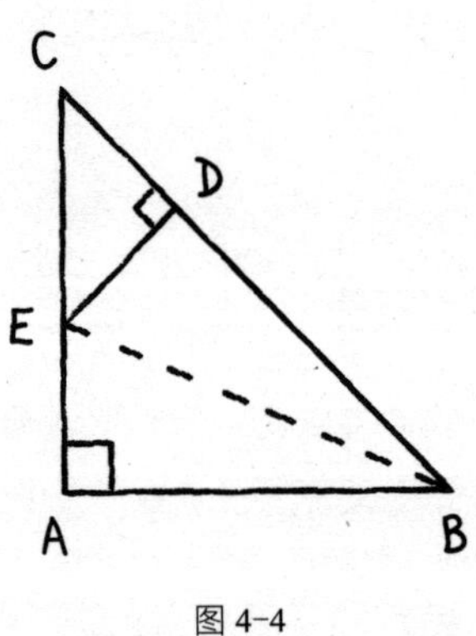

图 4-4

因为在Rt△*ABE*和 Rt △*DBE* 中，*BE*=*BE*，*AB*=*DB*，

Rt$\triangle ABE\cong$ Rt $\triangle DBE$，所以 $EA=ED$，那么$\triangle CDE$ 是一个$\angle ECD=45°$ 的等腰直角三角形。因此 $CD=ED=EA$，见图 4-5 中打记号的地方。

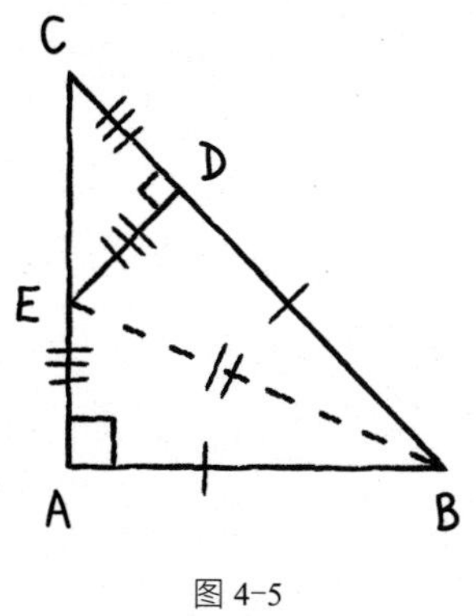

图 4-5

到目前为止，还看不出什么。

现在要证明了（希望您以前没看过这个证明）。

我们假设 AB 和 BC 都是某个单位长度 ℓ 的倍数。现在考虑等腰直角三角形 CDE。

先看 CD。$CD=CB-DB$，由于 $DB=AB$，因此 CD 的长度 = 原来斜边的长度 − 原来直角边的长度，它们

都是单位长度 ℓ 的整数倍。因此，它们的差也是 ℓ 的整数倍（整数的封闭性），则等腰直角三角形 CDE 的边长 CD 是 ℓ 的整数倍。等一下，我们还得证明 CE 的长度同样也是 ℓ 的整数倍。$CE=AC-AE=AC-CD$，它们都是 ℓ 的整数倍（AC= 原来的边长，CD 的长上面已证明是 ℓ 的整数倍）。

所以小等腰直角三角形 CDE 的斜边长和直角边长也都是单位长度 ℓ 的整数倍（很明显 $\triangle ABC$ 与 $\triangle DCE$ 的相似比 >2，即 $2CE<BC$）。

因此（你知道会得出什么吗？）我们可以画出一系列逐渐缩小的等腰直角三角形。实际上，我们可以画一个非常小的三角形，但它的直角边长和斜边长还是单位长度 ℓ 的整数倍（参见前面的论证）。

但这很疯狂！如果我们选择了一个斜边长度 $<\ell$ 的三角形，会得到什么呢？没有 ℓ 的整数倍（除了 0）在长度上是小于 ℓ 的，所以出现矛盾。

因此，没有这样一个 ℓ 存在，所以斜边长和直角边长是不可通约的。这个证明是我的教授在讲费马最终定理的讲座上讲的（顺便讲一下，这个定理目前还未被证明)。

相比传统的证明方法，我更喜欢这个方法。因为它更符合问题的几何性质。有机会的话，请告诉我您对此的看法以及您的近况。

再见。

史蒂夫

1979 年 2 月 20 日

又附：给读者的练习题：请用这种证法证明黄金分割是无理数（即黄金矩形的边长是不可通约的）。

再会!

永不后悔的选择

在我寄出这封信后不久，转折的时刻就到了。

在被哥哥说服转向医学预科后，我课业繁重，要学习抽象代数学和微分几何、一年级生物、一年级化学以及有机化学，这些课同时上。每周还有 3 门实验课。对于任何人来说，这都很辛苦，特别是对于不擅长处理现实世界事情的人来说尤其如此。我总是最后一个离开实验室，这让助教很讨厌我。“为什么你要花这么长时间？”她问道，“这些实验就像烧水或煮饭一样啊。”但我以前从未做过这两件事。

另一个吃力的事是准备医学院入学考试（MCAT）。因为要补习的东西很多，所以我注册了一门卡普兰复习课。最近的上课地点在新布伦兹维克，距学校 1 小时的车程，星期天上午上课。没有一个大学生想在这个时间起床，尤其是准备 MCAT。但我还是说服自己完成计划。

当我回家度春假时，我妈妈看着我的脸说：“有点不对劲儿，出什么事了吗？学校的情况怎么样？”

“我喜欢学校，”我说，“还好，我在学习有用的东西。”

“不对，你看起来不快乐。到底是怎么回事？”

我自己也不是很清楚。“可能我太累了，”我说，“我功课太多。”

“不对，应该是别的什么事。明年你有什么打算？那时你就大四了。”

这才是令我烦恼的事。“因为成为医学院的预科生太晚了，我不得不修生物化学、脊椎动物生理学，以及一堆医学院要求的其他课程。此外，我还要完成数学系的学年论文和两门课程。这意味着我的课程表太满了，不能修量子力学了。”

“你为什么这么在意这点？”她问道。

“因为那是我一直都想学的东西！”我脱口而出，“大一时，老师让我们去图书馆选一本书，我每次都选同一本——《原理与方法：原子能的奥妙》。一直如此。玻尔和海森堡、薛定谔和爱因斯坦，这些人都是我心目中的英雄。我生活的全部就是为了达到这种境界，现在我终于要学习海森堡的不确定性原理是讲什么的了，而且能学的不只是理论本身，还有涉及的数学问题。但我再也没机会去学习了，因为我无法将这门课排进课表，太迟了。然后我会进医学院，解剖尸体。”

她看着我的眼睛。

“如果你现在就说‘我喜欢数学和物理，我想学量子力学，我不想当医生，我要去做那些能让我成为最好的数学教授的事’，会怎么样？”

我开始哭起来，如释重负。然后我们俩一起又哭又笑。我没有参加MCAT，我对自己的决定从未后悔。有些人一生从未发现他们真正的热爱。但幸运的是，我通过试错，发现并确定了自己真正热爱的事业。

THE

CALCULUS

OF FRIENDSHIP

$\int$

第二部分

螺旋上升的职业生涯

THE CALCULUS OF FRIENDSHIP

第 5 章

位移一点点，关系更亲近

从那时开始，

我对他的称呼不知不觉间变成了“乔夫”，

而不是“乔夫里”。

那也是位移。

从此，他对我来说就一直是乔夫了。

一旦我决定献身于数学，在接下来的 9 年里，我的人生轨迹就变得清晰了。我一直在接受专业训练。在那段时间，乔夫里先生和我很少给对方写信。在绿色的文件夹里，虽然那个时期的信只有 3 封，但已经有了一些变化。在 1980 年 12 月 16 日的信中，我第一次对乔夫里先生表达了感激之情，并描绘了我生活的线性路径：

到我们再次相见之前，请保重身体并继续从事您伟大的工作，我感谢过您的鼓励吗？好吧，我现在就为您对我的巨大帮助表示感谢。

我打算先攻取博士学位（可能是理论物理，也可能是应用数学），然后结婚（还没有结婚对象），成为教授，终身学习，快乐地生活！

乔夫里先生会对这种线性生活怎么看呢？他会纠正我并告诉我生活不是线性的，生活更像是划皮划艇航程中无法预测的激流吗？我无法回忆起他的看法了，因为他的回信，以及 1989 年之前的所有信件都丢失了。这只是个委婉的说法，事实是我把它们扔掉了。

1981 年我再次给他写信。这封信是关于各种位移的：数学位移操作，以一种封闭的形式解决斐波那契数列，一个达到杰米·威廉姆斯的传奇成就的理性途径。

亲爱的乔夫里先生：

我今天去西哈特福德的英国商店，碰巧遇到了以前在卢米斯的一个老朋友。我们简单聊了几句，这让我意识到我非常想念您和曾经的老师、同学们。我先简单说一下我的近况，然后与您分享一个数学问题。我记得您曾对杰米·威廉姆斯发现了斐波那契数

列第 n 项的一个封闭表达式感到不可思议。在这封信中，我会给您看一种可以对所有数列进行封闭表达的方法。

实际上，我很想知道杰米是怎样做的——可能只是"看出"答案，然后采用归纳法。多么神奇！

好了，说说我吧。我在 1980 年从普林斯顿毕业并取得数学学士学位。我的毕业论文是关于生物化学领域中的一个问题的，解决这个问题需要数学技巧（拓扑学和微分几何）。这在生物化学里有些麻烦，但我打算攻克它（如果我可以的话），不管怎样，我已经在《美国科学院院报》上发表了一篇论文。

我还得到了马歇尔奖学金，现在在剑桥大学三一学院（牛顿当年所在的学院）学习两年应用数学。我将会在明年的一个星期三回来。无论是文化方面还是学术方面，这都是一次非常好的经历。我还加入了剑桥大学篮球队（我第一次打篮球还是在卢米斯的 JV 队）。离开剑桥后，我希望能够在哈佛或伯克利攻读应用数学的博士学位。幸运的话，我会在某所大学找个教授的职位。

希望您和您的家人一切都好。我很喜欢那份关于您的新闻简报，虽然它迟到了 5 个月（到英国的邮件太慢了）。

达到杰米·威廉姆斯传奇成就的途径

现在开始谈数学了。两年前，我在罕布什尔学院给资优高中生上暑期数学课程时学会了一种方法，我一会儿就会介绍这种方法。

我们学习用递归（即如果你知道前 n 项，根据某些定义规则，你就会知道第 $n+1$ 项）来定义数列的策略是引入一个算子，这个算子叫作位移算子。当重写这些项时，斐波那契问题就简化了，如我下面要展示的。

这个算子比较好的一点是它是单一下标（即 a_n 周围有很多算子，而不是 a_{n+2}、a_{n+26}，等等）。你会明白我的意思的。

1. 左位移算子

假设我们有一个数列 x_1，x_2，x_3，…记为数列 $\{x_n\}$。接着按下列规则给出左位移算子 L:

$$L(x_n)=x_{n+1}$$

这里 x_n 是数列 $\{x_n\}$ 的一个元素。所以如果 L 符合整个数列 x_1，x_2，x_3，x_4，…它就产生数列 $\{L(x_n)\}=Lx_1$，Lx_2，Lx_3，…$=x_2$，x_3，x_4，x_5，…

这正是原始数列向后位移一个位置（即向左拉回一个空格），因此命名为“位移算子”。

2. 继续斐波那契法则

当 $a_1=a_2=1$ 时，$a_{n+2}=a_{n+1}+a_n$ 可以根据我们的位移算子 L 写成 $a_{n+1}=L(a_n)$；$a_{n+2}=L(a_{n+1})=L[L(a_n)]=L^2(a_n)$。

所以 $a_{n+2}-a_{n+1}-a_n=0 \Leftrightarrow L^2(a_n)-L(a_n)-1\cdot a_n=0$。象征性地，通过“分解” a_n 可重写成 $(L^2-L-1)a_n=0$。

把 L^2-L-1 当成一个程序或者一个暗箱，输入数字 a_n，然后输出一个新的数字。如果 a_n 恰好是一个斐波那契数，结果就为零。

注意类比到微分方程，由导数运算符得到函数 y 的导数 y'（$Dy=y'$）。我总是认为解含有 D 的方程是有趣的，好像它只是一个变量，而不是一个运算符号。例如，它至少令我惊奇的地方是（D+i）$y=0$ 与（D+i）（D−i）$y=0$ 是等价的。你现在可以当它只是个代数方程，分别解（D+i）$y=0$ 和（D−i）$y=0$。然后通用解法是两个单独解 $A\mathrm{e}^{-\mathrm{i}x}$ 和 $B\mathrm{e}^{\mathrm{i}x}$ 的“线性组合”。答案呼之欲出了！

3. 关键之处（针对搞理论的人）

上面所有的技巧都是可能并且合理的，因为 D 是一个线性运算符，即 D（y_1+y_2）$=Dy_1+Dy_2$，并且 D（ay）$=aDy$。现在对我们来说最妙的是位移算子 L（它是数列对数列，而不是函数对函数）也是线性的。

因此，所有程序的线性分析（那些我就不烦您了）都允许我们通过解（L^2-L-1）$a_n=0$ 这个方程来完成。

设 ϕ 和 θ 为代数方程 $m^2-m-1=0$ 的根，$m=\dfrac{1\pm\sqrt{5}}{2}$，

设 $\phi=\dfrac{1+\sqrt{5}}{2}$，$\theta=\dfrac{1-\sqrt{5}}{2}$。

（这里隐含了黄金比例。）

解（L^2-L-1）$a_n=0$，我们解（$L-\phi$）$a_n=0$ 和（$L-\theta$）· $a_n=0$，然后对这些结果进行线性组合，得到一个通解。

4. 快要成功了！

（$L-\phi$）$b_n=0 \Leftrightarrow L$（b_n）$=b_{n+1}=\phi b_n$

但是 $b_{n+1}=\phi b_n$ 只是个几何数列方程，其通解是 $b_n=A\phi^n$，这里 A 是常数。相似地，（$L-\theta$）$c_n=0 \Rightarrow c_n=B\theta^n$。

因此（L^2-L-1）$a_n=0$ 的通解的形式是 $A\phi^n+B\theta^n=a_n$。

5. 所需公式

为了得到杰米·威廉姆斯的答案，我们需要运用初始条件：$a_1=a_2=1$。（注意 $a_0=0$ 能够被用来简化代数。）

$$a_0 = 0 = A\phi^0 + B\theta^0 \Rightarrow A = -B$$

$$a_1 = 1 = A\phi^1 + B\theta^1 = A\ (\phi - \theta)\ = A\left(\frac{1+\sqrt{5}}{2} - \frac{1-\sqrt{5}}{2}\right)$$

$$= \sqrt{5}A \Rightarrow A = \frac{1}{\sqrt{5}}$$

因此，

$$a_n = \frac{1}{\sqrt{5}}\left(\phi^n - \theta^n\right) = \frac{1}{\sqrt{5}}\left[\left(\frac{1+\sqrt{5}}{2}\right)^n - \left(\frac{1-\sqrt{5}}{2}\right)^n\right]$$

这是斐波那契数列的通项。

这是解题的一种方法。

正如您所见到的，这个方法能用到任何递归的数列，只要每个项都是线性的（否则就不起作用，如 $a_{n+2}^2 = a_{n+1}^2 + a_n^2$）。但像 $a_{n+2} - 3a_{n+1} + 2a_n = 0$ 这样的就可以。$a_{n+2} - 2a_{n+1} + a_n = 0$ 会与（D−1）$^2y = 0$ 在微分方程理论中构成同样的问题。但您能解出来。

也要注意为了让这种方法可行，需要有常数系数（即 $a_{n+1} = na_n$ 是个麻烦）。

如果这些内容您都很熟悉，那就是打扰到您了。如果不熟悉，我希望我讲明白了。

不管怎样，祝好运！保重。

史蒂夫

1981 年 9 月 21 日

从“乔夫里”到“乔夫”

当我翻看装有我们之间通信的文件夹时，我发现 1980 年到 1989 年之间的信很少，只有 3 封。但这并没有让我感到意外。1984 年，乔夫里先生的长子马歇尔去世了，他去世时只有 27 岁。他从未在信里提及此事。我没有这期间的信，我又怎能如此肯定呢？我是否曾把这样的信扔掉，像扔掉其他信件一样？

我并不认识马歇尔，但我能描绘出他的样子。他比我大两三岁，是一个高大英俊的男孩子，一头卷发，总是容光焕发。我似乎记得他是田径队的跨栏选手。

总之，我们从未谈及马歇尔去世这件事。

我在想什么呢？为什么乔夫里先生要跟我或其他人说这件事呢？他能说什么呢？

但是我为什么没给他写点什么呢？我寄过吊唁信吗？这听起来太正式。我是想说我是否表达过当听说马歇尔去世时我的难过和悲伤。我相信我没做过这些，对此我深感羞愧。

最后是文件夹中的第三部分，是1985年的。我研究生快毕业时到乔夫里先生家去拜访了他。事情是这样的，我高中时的朋友和研究生时的同学埃德·爱克想去看望“乔夫”，他这样称呼乔夫里先生。所以我们就约了一天一起去看他。在埃德的带领下，这是我第一次把乔夫里先生当成朋友，几乎可以平等相处的朋友。显然埃德是这样与他相处的，为什么我不能呢？乔夫里先生给我们做汉堡包，他见到我们非常开心，很高兴我们从波士顿开车过来看他。我们一起度过了愉快的几个小时，一起摆弄他的可编程的计算器，给他演示如何探索混沌问题，那是当时科学界最热门的课题。

但当看到我们的通信中一份我影印的新闻剪报时（那是

关于我做的某些研究的报道），我对记忆中的时间又产生了困惑。剪报上标的时间是 1985 年 9 月 2 日，而我在结尾处写着："希望您和您的家人一切都好。也许我们今年秋天可以安排另一次聚会。"

这是说我们在那之前的春天，1985 年的春天拜访过他了吗？或者说是前一个秋天，1984 年的秋天？那么马歇尔去世的准确时间是什么时候呢？

显然我在写"希望您和您的家人一切都好"的时候丝毫没有注意这些。

从那时开始，我对他的称呼不知不觉间变成了"乔夫"，而不是"乔夫里"。那也是位移。从此，他对我来说就一直是乔夫了。

THE CALCULUS OF FRIENDSHIP

第 6 章

餐垫上的证明，一切源于分享

数学本身是一种社会性很强的活动。
数学家们互相交流，思想相互碰撞，
一起沉迷于同样的问题。
最美好的是，
我们能彼此解惑。

数学家的社交技能不为人所知。在我们的圈子中流传着一个老掉牙的笑话：

问：你根据什么判断一个数学家是性格外向的人呢？

答：当他跟你说话时，他的眼睛盯着你的鞋子看。

但大多数人并没有意识到的是，数学本身是一种社会性很强的活动。数学家们互相交流，思想相互碰撞，一起沉迷于同样的问题。最美好的是，我们能彼此解惑。当你正在从事像数学这么难的活动时，与懂行的人一起分享会有帮助。

我最喜欢这种感觉，而且我并不孤独，数学家以帮助别人解决难题为乐趣。

传奇物理学家理查德·费曼就是有这种冲动性格的人。他那些聪明的技巧总是让他的同事眼花缭乱。在《别逗了，费曼先生！》一书中，他讲述了他如何学会根据积分符号微分再做积分的故事。有一天，他高中的物理老师让他放学后留下来，对他说："费曼，你上课时总是讲话，太吵了。我知道你为什么这么做，你觉得太没意思了，所以我决定给你一本书。你到后面的角落里去看，当你弄懂了书中的全部内容时，你才可以再发言。"这本书叫作《高等微积分学》，作者是伍兹。这本书教会了费曼利用积分符号进行微分的强大方法，费曼在自己的书中写道：

> 大学里现在不太教这些东西了，他们不强调这种方法。但我明白如何运用这种方法，我一次又一次地运用了它……这样做的结果是当麻省理工学院或普林斯顿大学那帮家伙在某个积分问题上遇到麻烦时，因为他们不会用在学校里学的标准方法解答，我可以根据积分符号取微分解决问题。我在做积分方面很有名，是因为我的"工具箱"里有与众不同的"工具"……

几年后，当时费曼正在参加曼哈顿计划，一位同事来找他，这位同事的团队被一个问题难住了，三个月还没有解出来。“你们为什么不用积分符号内取微分的方法呢？”费曼问道。半小时后，问题解决了。

令人着迷的无穷级数

1989 年 3 月，因为乔夫的学生提出的一个问题，我与乔夫的通信频繁起来。我们来来往往，彼此寄了好几封扣人心弦的信，包括我在一家中餐馆的餐具垫上写得很潦草的证明，上面还有酱油渍，也寄给他了。

无论出于何种原因，我终于从这次开始，保存乔夫的来信了。二十多年后的今天，再看这些信，我不禁笑了。他以一种哲学的态度，纵情于数学教育，愉快地摆弄计算器，还因在大学里没有学习更多的数学知识而脸红。

然而我给他的回信几乎只专注于数学，很少提到我生活里发生的其他事。这是一个关键时刻——专业训练已经结束，职业生涯即将开始。为什么我没告诉他我找到了梦寐以求的麻省理工学院数学系助理教授的工作呢？

让我们着迷的问题是关于无穷级数 $\frac{\sin 1}{1}+\frac{\sin 2}{2}+\frac{\sin 3}{3}+\cdots$，数学家则会写成下列形式：$\sum_{k=1}^{\infty}\frac{\sin k}{k}$。

乔夫的一个学生乔希·拉波波特，问他这个级数是不是“收敛的”，就是随着相加的项越来越多，其总和会不会越来越接近于某个极限数；或者它是不是“发散的”，意思是它要么变得无穷大，要么永远也不会趋近于任何极限数。

这是所有学习微积分的学生都会遇到的一类问题。在学习过程中会学到判断一个给定级数是收敛还是发散的各种法则，很容易就忽略了它们是多么神奇，多么令人难以置信。

你要考虑的问题是一些数相加之后的一个无穷数。无穷，就在你面前的纸上。但是利用微积分，你仍然可以解决这类问题。

但是在这种特殊问题上，还是有点别扭。$\sin k$ 比较特殊，在微积分的第一门课上你永远不会见到它。但有一件事看起来比较奇怪，就是运用像 1、2、3 这样的整数的正弦函数。正常情况下，我们都是运用角的正弦函数，那些都是

π（或 180°）的典型的简单分数，如 $\frac{\pi}{2}$ 或 $\frac{\pi}{4}$。1 或者 2 的正弦中没有 π，看起来很怪异。

正弦函数的图像是摆动的，其上点的纵坐标可以是正的，也可以是负的。正弦函数的图象是个波，上下起伏。这意味着在级数中有些项是正的（如 $\frac{\sin 1}{1}$ 和 $\frac{\sin 2}{2}$），有些项则是负的（如 $\frac{\sin 4}{4}$ 和 $\frac{\sin 5}{5}$）。把正数项与负数项相加，这种抵消似乎有助于级数收敛。

乔夫和他的学生对一种同类的、更简单的、存在这种抵消的级数是非常熟悉的。如果加号与减号严格地按下列方式交替，

$$+-+-+-$$

并且如果用 +1 或者 −1 代替 $\sin k$，则会得到“交错调和级数”：

$$1-\frac{1}{2}+\frac{1}{3}-\frac{1}{4}+\frac{1}{5}-\frac{1}{6}+\cdots$$

这个级数是收敛的。这就是论点，它形式很简单，所以即使你没学过微积分，也可以试着把这个级数写下去。它能让你产生我们征服了无穷的那种感觉。

想象一下你在数字线上行走，从位置 0 出发。此处标记为 L_1。这是你的无穷旅程中的第一步（见图 6-1）。

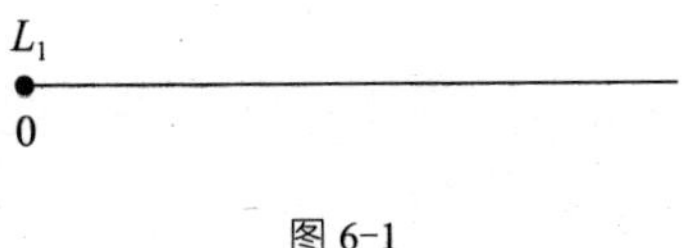

图 6-1

现在向右走 1 个单位长度，标记为 R_1（见图 6-2）。

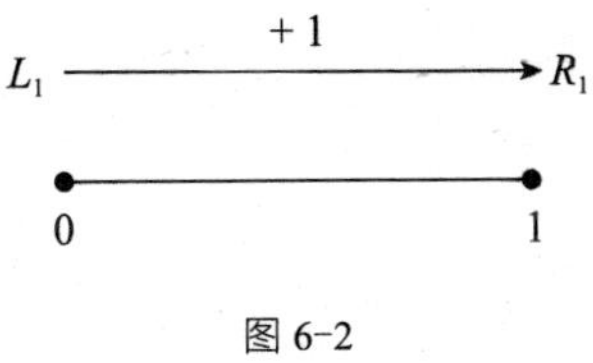

图 6-2

转过身来，向回走半个单位长度。这样就有了级数中的前两项：1 和 $-\frac{1}{2}$。将这一点标记为 L_2（见图 6-3）。

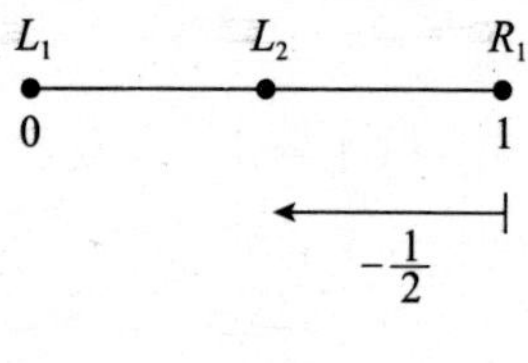

图 6-3

你明白了吧。我们不断这样做，再向右走 $\frac{1}{3}$ 个单位长度，并标记为 R_2（见图 6-4）。

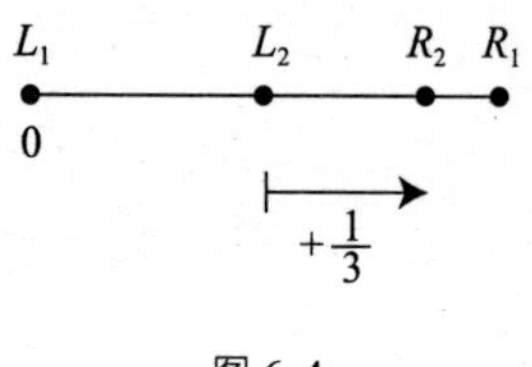

图 6-4

如果你想用数字表示它，则 $L_2=1-\frac{1}{2}=\frac{1}{2}$，$R_2=1-\frac{1}{2}+\frac{1}{3}=\frac{5}{6}$。但画图更有助于思考。当我们不断重复这个过程

时，你能看出发生了什么吗？就好像老虎钳正在夹紧一样。合上的老虎钳左边的那些点是 L_1，L_2，…右边的那些点是 R_1，R_2，…

每次你转过身往左边走时，你并没有完全回到你上次转回左边的地方。右边的情况也一样。换句话说，连续的 L_s 和 R_s 的间隔是不断缩小的。例如，L_2 和 R_2 的间隔是嵌套在 L_1 和 R_1 的间隔中的。同理，后面的 L_3 和 R_3 的间隔也是嵌套在 L_2 和 R_2 的间隔中的，我们就不再画出来了。关键是间隔正在被老虎钳从两头压扁。老虎钳会变得越来越紧，但永远也不会完全合上。我们说 L_s 和 R_s “收敛”。当然，它们收敛至同一个数（因为当你在级数中加上更多的项时，老虎钳左右两边就越来越近，快要相互碰到了）。

L_s 和 R_s 收敛至的那个神奇的数是什么呢？这是一个很自然的问题，但微积分的初学者很快明白他们是不应该问这个问题的。它太难了。按照经验来说，证明一个级数收敛要比找到它收敛到的那个数容易得多。

这里，例如，我们的老虎钳观点足以证明 $1-\frac{1}{2}+\frac{1}{3}-\frac{1}{4}+$

$\frac{1}{5}-\cdots$是$\frac{1}{2}$和$\frac{5}{6}$之间的某个确定的数字。通过加入更多项，我们可以把它层层包围起来。运用计算机，我们可以发现在经过 10 步的计算后，得到 $L_{10}\approx 0.666$，$R_{10}\approx 0.719$。

经过 100 步的计算后，得到 $L_{100}\approx 0.690\,6$，$R_{100}\approx 0.695\,7$。

实际上，利用我们不必深入探讨的、更加复杂的微积分思想，可以证明这个极限数是 2 的自然对数，已知 $\ln 2=0.693\,147\cdots$

所有这一切与我和乔夫的通信有什么关系呢？因为他对一个密切相关的级数 $\sum_{k=1}^{\infty}\frac{\sin k}{k}$ 提出了一个类似的问题。这个级数收敛吗？如果是收敛的，我们怎样证明呢？他没有想问这个级数会收敛到什么数，因为，还记得吗？这个问题在初级微积分中是没有的。

我们在 1989 年 3 月 6 日的电话里已经讨论了这些问题。乔夫向我请教 $\sum_{k=1}^{\infty}\frac{\sin k}{k}$ 和相关的积分 $\int_1^{\infty}\frac{\sin x}{x}\,\mathrm{d}x$ 的问题。这

次谈话引发了一连串的信件。我们不仅沉醉于他问的无穷级数问题，还有很多相关问题，如傅里叶级数、费曼关于利用积分符号进行微分的讨论、伽马函数。我们为此感到非常开心。

亲爱的史蒂夫：

很高兴那天晚上能与你聊天。正当我感到无聊，给自己准备了晚饭（我在壁炉旁做汉堡包），并给指导学生写信时，你来电话了。今天早上我试着解“一个特定数学问题”，但看起来前景不明。

也许我应该利用导数再积分！我和巴里·莫兰希望你能给我们寄个“利用积分进行微分”的例子，就是费曼在他的《别逗了，费曼先生！》那本书里提出的。

对于$\int_1^\infty \frac{\sin x}{x}\,\mathrm{d}x$（我明白它的含义）你有什么高见？我和一个学生正在为不能肯定这个积分是收敛的还是发散的而烦恼。我很想知道，它是不是绝对收敛，或者需要负数项的无穷多，才能决定收敛。

哎呀！我没按你的建议用计算机算算看会是什么结果。我有一个上微积分基础课程的高二学生，会非常乐于承担这个任务。

问埃德好。

谢谢你星期一晚上的来电。

乔夫

1989 年 3 月 8 日，星期三

你好，乔夫：

前天和您通话，我非常高兴。也谢谢您的来信。

如您所见，信里附了一些东西。一个是便条，内容是关于如何利用“绯闻逸事”来唤起学生对微分方程及其解法的兴趣的，我还附上了一则芝加哥报纸上的评论作为补充。

另一个附件是关于不连续函数的，我称之为“有限尖峰”(以区别于“δ函数”或无穷尖峰)。附上的东西很简短，但我希望具有可读性。它与这封信的主题有关，即利用一个积分或者一个级数来定义一个函数（您往下看就会明白我的意思)。

首先处理$\sum_{k=1}^{\infty}\frac{\sin k}{k}$。

1. 积分检验失败

开始，我想用积分进行检验，因为我知道$\int_1^{\infty}\frac{\sin x}{x}\mathrm{d}x$是有限的（实际上$\int_0^{\infty}\frac{\sin x}{x}\mathrm{d}x=\frac{\pi}{2}$，正如我记得在电话中猜测的，我随后会讨论这个积分。顺便我会给您介绍一下复变论的基本知识)。

遗憾的是，即使我们知道$\int_1^{\infty}\frac{\sin x}{x}\mathrm{d}x$是有限的，我们还是不能用它解决问题；积分检验不适用（它只适用于被积函数是正的情况，符号是不允许改变的)，所以它不行。

2. 交错级数的观点——我做不出，但也许您可以

然后我想到用交错级数检验，即莱布尼茨法则。

（下面是很多无效的计算。）

3. 计算机强烈建议收敛

假设我们用不同的 N 去计算 $\sum_{k=1}^{N}\frac{\sin k}{k}$ 。利用计算机，我只用几分钟就得到了这些结果：

N	$\sum_{k=1}^{N}\frac{\sin k}{k}$
10	1.124 5⋯
100	1.060 42⋯
1 000	1.070 69⋯
10 000	1.070 868⋯
100 000	1.070 805⋯

因此，我们认为总和接近于 1.070 8⋯。注意我用的 N，每次都是按一个常数因子增加的（10 的次方）。那是因为我知道 $\sum_{k=1}^{N}\frac{1}{k}$ 和 $\ln N$ 一样，是发散的，而且我也想对这样的对数散度进行核查。如果是发散的话，这些部分的和大致会以算术级数增长。由于并

没有发生这样的事，所以我强烈希望$\sum_{k=1}^{\infty}\frac{\sin k}{k}$收敛。

4. 好的，是时候揭晓答案了

$$\boxed{\sum_{k=1}^{\infty}\frac{\sin k}{k}=\frac{\pi-1}{2}\approx 1.070\,796\cdots}$$

这个结果是怎么得来的呢？我是用傅里叶级数处理的。我这里介绍一下主要思想。您和您的学生可以参见托马斯著的《微积分》，或者其他有傅里叶级数背景资料的参考书。

傅里叶级数与伽马函数

傅里叶级数中最常见的是用正弦和余弦的和来表达某些周期函数$f(x)$。我们只讨论以2π为周期的函数，并进一步假设这些函数是奇函数。接着我们用一个正弦函数的加权和来表达$f(x)$：

$f(x)=\sum_{k=1}^{\infty}a_k\sin kx$，其中 a_k 是函数 $f(x)$ 的系数。

举个例子说明。考虑函数 $f(x)=\begin{cases}1, 0<x<\pi,\\ -1, -\pi<x<0\end{cases}$。

对所有真正的 x 做周期性的重复（在 π 的倍数时，设 $f(x)=0$，其实，在这些不连续数上，这样做并不重要）。这是个方波（见图 6–5）。

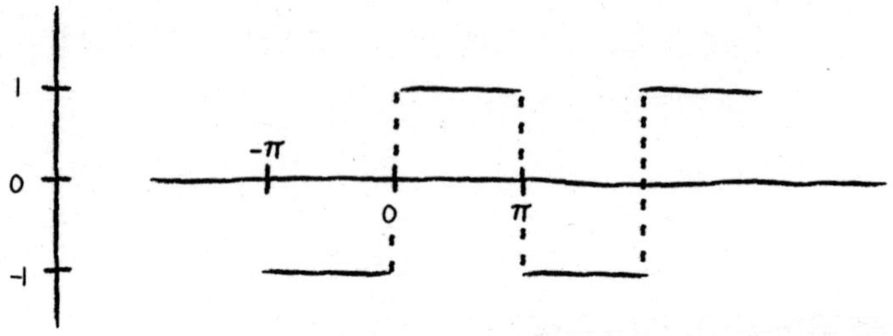

图 6–5

学生专题：你可能在卢米斯听过电子音乐合成器——我上过普拉特先生的课，这些事情是完全可能的。我印象中，方波听起来像双簧管。它们有很多泛音，就是我们要计算的每个谐波或者泛音的强度。在 $f(x)=\sum_{k=1}^{\infty}a_k\sin kx$ 这个函数里，a_k 是各种谐波的振幅。

先计算 a_1。它看起来应该是比较大的正数，因为 $f(x)$ 的图象类似于有着方形的底部和顶部的函数 $y = C\sin x$ 的图象（见图 6–6）。

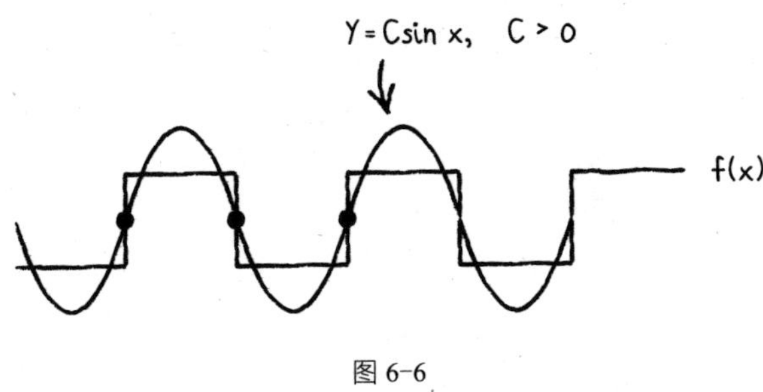

图 6–6

如果 $f(x)=a_1\sin x+a_2\sin 2x+a_3\sin 3x+\cdots$，则我们可以通过下面的小技巧得出 a_1：将 $f(x)$ 乘 $\sin x$，再进行一个周期的积分，这样除 $a_1\sin x$ 项之外，其余的就全部消掉了。具体如下：

$$f(x)\sin x=a_1\sin^2 x+a_2\sin 2x\sin x$$

$$+a_3\sin 3x\sin x+\cdots$$

$$\Rightarrow \int_{-\pi}^{\pi} f(x)\sin x\,\mathrm{d}x = a_1\int_{-\pi}^{\pi}\sin^2 x\,\mathrm{d}x + a_2\int_{-\pi}^{\pi}\sin 2x\sin x\mathrm{d}x$$

$+a_3\int_{-\pi}^{\pi}\sin 3x\sin x\mathrm{d}x+\cdots$

$=a_1\pi+0+0+\cdots$

$=\pi a_1$

注意在第一次积分后，所有项都为 0 了，这就是巧妙之处。因此，$a_1=\frac{1}{\pi}\int_{-\pi}^{\pi}f(x)\sin x\,\mathrm{d}x$。

到目前为止，我们还没用到任何与 $f(x)$ 有关的东西。现在我们就自己的个案，利用特定的 $f(x)$ 来确定一个适当的 a_1：

$$a_1=\frac{1}{\pi}\int_{-\pi}^{0}(-1)\sin x\,\mathrm{d}x+\frac{1}{\pi}\int_{0}^{\pi}\sin x\,\mathrm{d}x$$

$$=\frac{2}{\pi}\int_{0}^{\pi}\sin x\,\mathrm{d}x=-\frac{2}{\pi}\cos x\Big|_{0}^{\pi}=\frac{4}{\pi}=a_1$$

这证实了我们关于 a_1 应该是一个大的正数的直觉。

为进一步推广，我们来计算第 k 个振幅（应用与之前同样的推理，但这次是乘 $\sin kx$ 来逐个消掉，求

得 a_k 项）。

$$
\begin{aligned}
ak &= \frac{1}{\pi}\int_{-\pi}^{\pi} f(x)\sin kx\,\mathrm{d}x \\
&= \frac{2}{\pi}\int_{0}^{\pi}\sin kx\,\mathrm{d}x \\
&= \frac{2}{\pi}\left(\frac{-\cos kx}{k}\right)\Bigg|_{0}^{\pi} = \frac{2}{\pi k}(1-\cos k\pi)
\end{aligned}
$$

$$
\cos k\pi == \begin{cases} 1, & k\text{ 为偶数} \\ -1, & k\text{ 为奇数} \end{cases} =(-1)^k
$$

$$
\Rightarrow a_k = \frac{2}{\pi k}\,[1-(-1)^k]
$$

$$
\Rightarrow a_k = \begin{cases} \dfrac{4}{\pi}\cdot\dfrac{1}{k}, & k\text{ 为奇数,} \\ 0, & k\text{ 为偶数。} \end{cases}
$$

（请看上面的因子 $\frac{1}{k}$ ）

因此我们的方波可以通过下列函数给出:

$$
f(x) = \frac{4}{\pi}\sum_{k\text{ 为奇数}}\frac{\sin kx}{k}
$$

学生专题：这是一个很好的计算机课题：画出这些谐波的图并将其相加。你将看到一个方波出现了！

现在你要看到与 $\sum_{k=1}^{\infty}\frac{\sin k}{k}$ 的联系了。我们的结果与 $f(x)=\frac{4}{\pi}\sum_{k\,为奇数}\frac{\sin kx}{k}$ 非常接近了，除了我们只想看点 $x=1$，及我们缺失了 k 为偶数的那些项。当 $x=1$ 时，$f(x)=1$。回忆如果 $x\in(0,\pi)$，$f(x)=1$。如果我们相信傅里叶级数真正代表 $f(x)$ 的话，我们就一定会得出如下结论：

$$f(1)=1=\frac{4}{\pi}\sum_{k\,为奇数}\frac{\sin k}{k}，即 \sum_{k\,为奇数}\frac{\sin k}{k}=\frac{\pi}{4}$$

与我们想要的不太一样，但仍旧很巧妙。为了更好玩儿，让我们把 $x=\frac{\pi}{2}$ 代入。由于 $0<\frac{\pi}{2}<\pi$，又得到 $f(x)=1$，但现在我们得到：

$$1=\frac{4}{\pi}\left(\sin\frac{\pi}{2}+\frac{1}{3}\sin\frac{3\pi}{2}+\frac{1}{5}\sin\frac{5\pi}{2}+\cdots\right)$$

$$=\frac{4}{\pi}\left(1-\frac{1}{3}+\frac{1}{5}-\cdots\right)$$

$$\Rightarrow \boxed{\frac{\pi}{4}=1-\frac{1}{3}+\frac{1}{5}-\cdots}$$

这个结果你也可以在 $x=1$ 时，在麦克劳林级数中通过扩展 $\tan^{-1}x$ 得到。

我希望你理解这个策略：我们想把 $\sum\limits_{k=1}^{\infty}\frac{\sin k}{k}$ 看作对某些 $f(x)$ 的一个特定值。就是说，我们想写 $f(x)=\sum\limits_{k=1}^{\infty}\frac{1}{k}\sin kx$，然后代入 $x=1$，得到 $f(1)=\sum\limits_{k=1}^{\infty}\frac{1}{k}\sin k$。但问题是，什么样的 $f(x)$ 是由傅里叶级数 $\sum\limits_{k=1}^{\infty}\frac{\sin kx}{k}$ 代表的呢？这是“逆问题”——通常我们是已知函数，求傅里叶级数。这里我们是已知傅里叶级数求 $f(x)$。

我是去数学图书馆查傅里叶级数表得到的。当 $0<x<\pi$ 时，它的结果是 $\sum\limits_{k=1}^{\infty}\frac{\sin kx}{k}=\frac{\pi-x}{2}$。

这个奇周期函数的图象如图 6–7 所示，是一种“锯齿”函数。

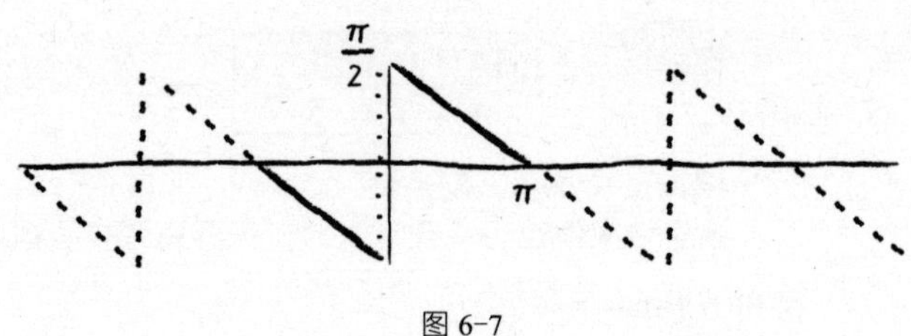

图 6-7

课题：用计算机或示波器将正弦波相加得到上述“锯齿”函数。

鉴于此，当 x=1 时，结果为 $\sum_{k=1}^{\infty}\frac{\sin k}{k}=\frac{\pi-1}{2}$ 。

这个结果是普通人不用相信傅里叶级数表也可以看出来的。作为练习，你应该计算 $x\in(-\pi, \pi)$ 时，$f(x)=x$ 的傅里叶级数（见图 6-8）。

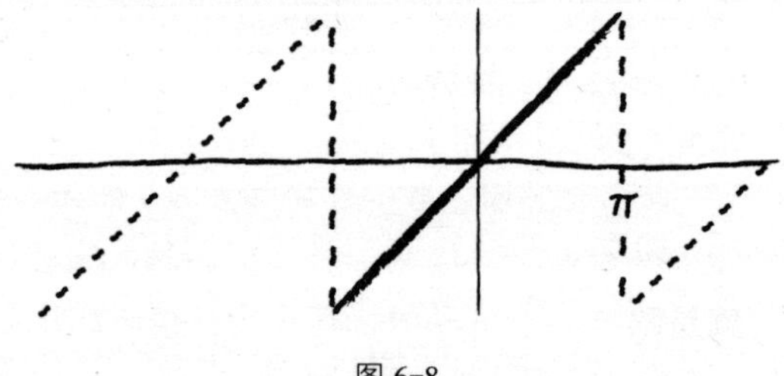

图 6-8

你会得到 $x = 2\sum_{k=1}^{\infty}(-1)^{k+1}\frac{\sin kx}{k}$。

将 x=1 代入，得到 $1 = 2\left(\sin 1 - \frac{1}{2}\sin 2 + \frac{1}{3}\sin 3 - \frac{1}{4}\sin 4 + \cdots\right)$。

将其与 $\sum_{k\text{为奇数}}\frac{\sin k}{k} = \frac{\pi}{4}$ 合并，与早前发现的一样，我们得到缺失的 k 的偶数项：$\sum_{k\text{为偶数}}\frac{\sin k}{k} = \frac{\pi}{4} - \frac{1}{2}$。把奇偶相加$\left(\sum_{\text{偶数}} + \sum_{\text{奇数}}\right)$，得到 $\sum_{k=1}^{\infty}\frac{\sin k}{k} = \frac{\pi}{2} - \frac{1}{2}$。

我太累了，就不给您证明 $\int_0^{\infty}\frac{\sin x}{x}\mathrm{d}x = \frac{\pi}{2}$ 了。但我会给您看一个“利用积分进行微分”的小窍门。这是我想到的最好的例子，虽然不是我真正想给您看的（见附上的伍兹著《高等微积分学》中的相关章节，费曼用的就是这本书）。

如果 n 不是整数，你知道如何定义 $n!$ 吗？这就是欧拉的阶乘函数插值思想，也叫“伽马函数” $\Gamma(x)$。

假设n是一个整数。让我们来证明$n! = \int_0^\infty x^{-n} e^{-x} dx$。

我们可以运用归纳法得出这个公式，这也是这个例子不是特别精彩的原因。我们采用利用积分符号进行微分的方法。这样做会省去对每个部分进行积分的麻烦。先从简单的开始：$\int_0^\infty e^{-ax} dx = -\frac{1}{a} e^{-ax} \Big|_0^\infty = \frac{1}{a}$，这里 $a>0$ 是参数。

现在对公式两边微分。参数 a 是我们将要分别进行微分的项。对左边的积分进行微分得到：

$$\frac{d}{da}\int_0^\infty e^{-ax} dx = \int_0^\infty \frac{d}{da}(e^{-ax} dx) = \int_0^\infty -xe^{-ax} dx,$$

对左边微分得到：$\frac{d}{da}\left(\frac{1}{a}\right) = -\frac{1}{a^2}$。

因此：$\frac{1}{a^2} = \int_0^\infty xe^{-ax} dx$。

继续这个游戏：$a^{-2} = \int_0^\infty xe^{-ax} dx$。

对 a 进行微分 $\Rightarrow -2a^{-3} = \int_0^\infty -x^2 e^{-ax} dx$

$$\Rightarrow 2a^{-3} = \int_0^{\infty} x^2 \mathrm{e}^{-ax} \mathrm{d}x$$

$$\text{两边} \frac{\mathrm{d}}{\mathrm{d}a} \Rightarrow 6a^{-4} = \int_0^{\infty} x^3 \mathrm{e}^{-ax} \mathrm{d}x$$

$$\vdots$$

$$n! a^{-(n+1)} = \int_0^{\infty} x^n \mathrm{e}^{-ax} \mathrm{d}x$$

现在设 a=1，则得到 $n! = \int_0^{\infty} x^n \mathrm{e}^{-x} \mathrm{d}x$，这是阶乘函数 $n!$ 的“积分表达”。

关键在于右边是根据所有实数 n>0 的情况定义的。例如，想要定义 $\left(\frac{1}{2}\right)!$，你需要用定积分 $\int_0^{\infty} \mathrm{e}^{-y^2} \mathrm{d}y$ 来做。

请告诉我您的看法！

现在要说再见了。

史蒂夫

（爱因斯坦诞辰 110 周年）1989 年 3 月 14 日

（也是泰勒曼的诞辰）

写在餐具垫上的公式

与乔夫通信是一种乐趣，我一定得与人分享。我的好朋友伦尼·米洛罗成了“牺牲品”。我和伦尼的友谊长达十几年了，我们于 1979 年相识，那时我们都在教罕布什尔暑期数学课程。几年后，我们念研究生时仍保持友谊，现在我们又一起即将开始教授生涯。

一天，在萨默维尔的成丰中餐馆用过午饭后，我提到了乔夫提出的无穷级数问题。我迫切地想告诉伦尼我怎样用傅里叶级数解决了这个问题，但我还没开口讲，伦尼就说用复变量应该是一种更快捷的方法。在吃宫保鸡丁和芝麻牛肉的间隙，我们在一张红色的纸质餐具垫上按伦尼的方法解决了这个问题。

这种计算的思想不是用傅里叶级数，而是用泰勒级数。回想一下欧拉公式是 $e^{ik}=\cos k+i\sin k$，伦尼意识到想要的总和 $\sum_{k=1}^{\infty}\frac{\sin k}{k}$ 正好是 $\sum_{k=1}^{\infty}\frac{e^{ik}}{k}$ 的虚部。他还知道怎样用模式识别计算总和。具体来说，他发现如果我们设 $z=e^{i}$，$\sum_{k=1}^{\infty}\frac{e^{ik}}{k}$ 就是

$\sum_{k=1}^{\infty}\frac{z^k}{k}$ 的一种特例。

这个总和反过来是一个著名总和的“近亲”：

$$z-\frac{z^2}{2}+\frac{z^3}{3}-\frac{z^4}{4}+\cdots=\sum_{k=1}^{\infty}(-1)^{k+1}\frac{z^k}{k}=\ln(1+z)$$

这个总和我们在复分析的课上都见过。

用 $-z$ 代替 z，得到

$$-z-\frac{z^2}{2}-\frac{z^3}{3}-\frac{z^4}{4}-\cdots=-\sum_{k=1}^{\infty}\frac{z^k}{k}=\ln(1-z)$$

因此，$\sum_{k=1}^{\infty}\frac{z^k}{k}=-\ln(1-z)$。

接下来的就专业了。当 $|z|<1$ 时，级数 $\sum_{k=1}^{\infty}\frac{z^n}{k}$ 等于 $-\ln(1-z)$；问题是如果 $z=e^i$，$|z|=1$，而不是 $|z|<1$ 时，这个级数是否还成立。换句话说，这个级数对于收敛圆是否也适用呢？而不仅限于它的内部？这很棘手。有时你可以通过

把一个级数推出它的“收敛半径”来回避，有时你会“引火烧身”。但像这类问题，当你“引火烧身”时，你立即就会知道，因为结果显然是不合理的。于是我们就想试试，看结果会是什么样。

将 $z=\mathrm{e}^{\mathrm{i}}$ 代入对数，采纳虚部得到 $\sum_{k=1}^{\infty}\frac{\sin k}{k}=-\ln(1-\mathrm{e}^{\mathrm{i}})$ 的虚部。然后为了估计虚部，我们设 $1-\mathrm{e}^{\mathrm{i}}=r\mathrm{e}^{\mathrm{i}\theta}$，所以 $-\ln(1-\mathrm{e}^{\mathrm{i}})=-\ln(r\mathrm{e}^{\mathrm{i}\theta})=-\ln r-\mathrm{i}\theta$。

因此，虚部是 $-\theta$，问题就简化为找出 θ 等于什么就可以了，已知 $r\mathrm{e}^{\mathrm{i}\theta}=1-\mathrm{e}^{\mathrm{i}}$。

最后一步是三角里的一个练习。这里有一个计算 θ 的方法。取 $1-\mathrm{e}^{\mathrm{i}}=r\mathrm{e}^{\mathrm{i}\theta}$ 两边的实部，得到 $1-\cos 1=r\cos\theta$。同理，虚部得到 $\sin 1=r\sin\theta$。现在用第 2 个方程除以第 1 个方程，r 消掉了，于是我们得到 $\tan\theta=\frac{\sin 1}{1-\cos 1}$。

应用半角恒等式 $\cot\frac{x}{2}=\frac{\sin x}{1-\cos x}$ 对右边进行简化，$x=1$

时，则 $\frac{-\sin 1}{1-\cos 1}=-\cot\frac{1}{2}$。

因此，$-\theta=\tan^{-1}\left(\cot\frac{1}{2}\right)$。

到这个阶段，伦尼画了一个小三角形（见图 6–9）。

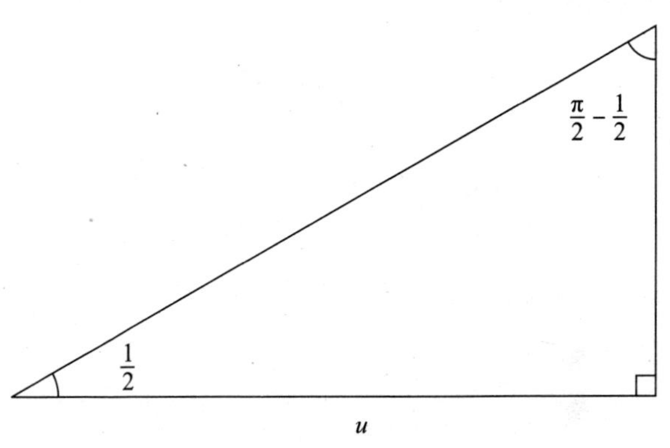

图 6–9

$$u=\cot\frac{1}{2}=\tan\left(\frac{\pi}{2}-\frac{1}{2}\right)$$

这可以证明 $\tan^{-1}\left(\cot\frac{1}{2}\right)=\frac{\pi}{2}-\frac{1}{2}$，这就是我们要找的答案。

乔夫非常喜欢这个推理：复数的运用，三角形的小技巧，而且不用考虑级数在其收敛半径内的假设。后来好多年，他经常向他最新的高级班学生展示这个餐具垫，像展示神圣的画卷一样。

亲爱的史蒂夫：

收到你寄给我米洛罗解答 $\sum_{k=1}^{\infty}\frac{\sin k}{k}=\frac{\pi-1}{2}$ 的方法时，天色已晚，我把其他事儿都放在一边，来研究这些步骤。我像柴郡猫一样笑着，因为这一切都很合理（在别人的带领下），并且很巧妙。我必须得说我很高兴看到你们用到作为高中老师的我曾经教给你们的东西……

你刚来过电话，所以此时除了感谢之外，没有更多要说的话，感谢你这次让我对在衍射中运用

$\sum_{k=1}^{\infty}\frac{\sin k}{k}$、向量和傅里叶级数之间的类比，以及很多其他概念，这让我也有了新的理解。

你和伦尼得出 $\tan^{-1}\left(\cos\frac{1}{2}\right)$ 的过程让我叹为观止。关于用适当的直角三角形来解三角函数和反三角函数的组合，让我有了新的想法。

我刚刚给自己写了个便条，要探索一条与你给我看的你和伦尼合作解决 $\sum_{k=1}^{\infty}\frac{\sin k}{k}$ 的方法不同的道路。这可能是我在卢米斯度过的最好的春假之一，谢谢你的来电和来信！

我决定休息一下，先解决 $\sum_{k=1}^{\infty}\frac{\cos k}{k}$。我的数学知识告诉我 $\sum_{k=1}^{\infty}\frac{\cos k}{k}=-\ln\left(2\sin\frac{1}{2}\right)\approx 0.042\ 019\ 5$。为了核对结果，我又在我的 T158 上运行了一个程序，结果是 $\sum_{k=1}^{2\ 450}\frac{\cos k}{k}\approx 0.042\ 065$。我发现，我的程序步骤计数器由于一次又一次递增 1 而累加了一些错误。在 k=2 714.084 52 时，总和是……哎呀！我肯定是把

总和记错了，它现在是 0.08。时间太晚了，我休息过后，再来研究这个问题。

乔夫

1989 年 3 月 20 日，星期一晚上

早餐时我重新运行了程序（没有结束命令）。当我在程序中代入 k=6 719（这次没有小数部分）后，$\sum\frac{\cos k}{k}$ =0.042 171 5。我们（我和 T158）两个之中有一个可能太老了。我记得你和埃德来我家时，你在后院用过这个计算器。当我在做汉堡包时，你用这个计算器证明了一些混沌问题。那可是很久之前的事了。可能我的计算器因为你留存在它上面的东西而秘密生成了自己的人格。

超出理智的想法认为，功能良好的 T158 使用二进制应该能够从 1 数到 2 714，并且不会得出 2 714.084 52。昨晚出现的另一个故障似乎更是莫名其妙的。至少今天可以数到 6 719，没有让我困惑的可见的小数部分。对 $\sum\frac{\cos k}{k}$ 的值的高估，意味着收

敛是在极限数 $k \to \infty$ 上下徘徊。你在尝试对 $\sum \frac{\sin k}{k}$ 进行分组，以便可以用莱布尼茨检验收敛时，已经提出了一个类似的问题。

如果我的方法正确，$-\ln\left(2\sin\frac{1}{2}\right)$ 是很奇怪的，但在它的简单性方面又很有吸引力。（霍夫斯塔德在供养我的大脑？……他是不是用过“奇异吸引子”这个术语？）

今天早上我开始做你布置的任务，计算 $\left(\frac{1}{2}\right)!$。当我自认为记得 $\int_0^\infty e^{-x^2}dx = \frac{\pi}{\sqrt{2}}$ 时，开尔文勋爵应该不会太高兴。不及格，唐纳德！幸运的是，一个哈佛的小伙子恰好寄来一张教科书插图，里面有对那个著名积分的二重积分的解法。我想 $\left(\frac{1}{2}\right)! = \frac{\sqrt{\pi}}{2}$。

我的计算结果（步骤梗概）如下：

$$\left(\frac{1}{2}\right)! = \int_0^\infty x^{\frac{1}{2}}e^{-x}dx = \int_0^\infty 2y^2e^{-y^2}dy$$

$$= -ye^{-y^2}\Big|_0^{\infty} + \int_0^{\infty} e^{-y^2}\,dy$$

$$\left(\frac{1}{2}\right)! = 0 + \frac{\sqrt{\pi}}{2} \approx 0.886$$

（为了解 y 积分，我先分步处理 $dv= e^{-y^2}\ 2ydy$，然后再整合起来。）

最终结果看起来合理，因为它很优美，但我的好奇心又在问，正实数 n 是什么的时候最少等于 $n!$ 呢？

在小试一下根据积分进行微分的方法之后，为了简短起见，我调用了计算器里的辛普生法则程序核对 $\left(\frac{1}{2}\right)$!。第一次运行时，解 $\int_0^{1\,000} \sqrt{x}e^{-x}dx$，利用 n=500，我得到 0.577…这很难让人放心。我在想应该有相当快速的收敛。难道我的 T158 又造反了？我的程序不可能错误！我的微积分太差了吗？我的教师资格证是不是应该吊销或者至少暂停使用？

在我等待程序运行的时候（我试着再运行一次），我本来想问你是否看过瑞安（Thomas J. Ryan）写的

《P-1 的春天》(*The Adolescence of P-1*)。卢米斯图书馆有一本影印本。我觉得它是一部轻松的娱乐性小说，写的是一个失去了再生程序的年轻的大学生。你会喜欢的。我想这本书写于 10 年前。马丁·加德纳在《科学美国人》的文章上提过它，关于“怎样教一个火柴盒玩井字棋？”——人工智能早期那些玩意儿。

我的 T158 正在演奏别人而不是我的曲调。我抓起卡西欧 FX7000G 的使用说明书，尝试输入他们装入的辛普生法则程序。然后卡西欧用 GO 和 SYN 的一系列错误羞辱了我。我要和比格猎犬出去走走，可能用棍子和干的野生黄瓜做一个算盘。

挫折感消退之后，我又重新充满了活力，按照你给我的地图开始了斯托加茨式的探险。

与此同时，附上我对你的钦佩和感激！

最美好的祝福。

乔夫

1989 年 3 月 21 日，星期二

特别的“艺术”作品

亲爱的史蒂夫:

因为我有两次是在苏的办公室给你写信，无意之中把信寄到温斯洛普的 22 栋楼了。我想是一封信和一张明信片。我希望你收到它们了。(你还保留着温斯洛普和皮尔斯两个地址吗？)

今天是我们的教员服务日。这是行政管理部门的一个发明，让教师用一天时间参加教育方面的讨论会，为未来的学生做准备。今天的主题是“跨课程写作”。我必须得说谢尔顿・格拉肖去年秋天在金斯伍德召开的 W. A. L. K. S 物理会议上的讲话让今天的内容看起来……毫不夸张地打败了我！在被训导写作教学是所有学科的共同责任时（已经第 n 次了，$n \to \infty$），我写了很多数学计算，大部分都是受你最近的指导启发而作的。

在解你留给我的傅里叶课题时，我不得不说服自己相信切换装置用来评估系数是起作用的。在我的职业生涯中，这样一种顿悟也许太迟了，但我需要我称之为驼峰定理的东西：

$$\int_{-\pi}^{\pi} \sin^2 kx\mathrm{d}x = \pi(k \in \boldsymbol{N})$$

从形状上，我看到随着 k 在自然数上不断增大，它被挤压成驼峰。从图 6–10 我确实知道 $\int_{-\pi}^{\pi} \sin^2 x\mathrm{d}x = \pi$ 。

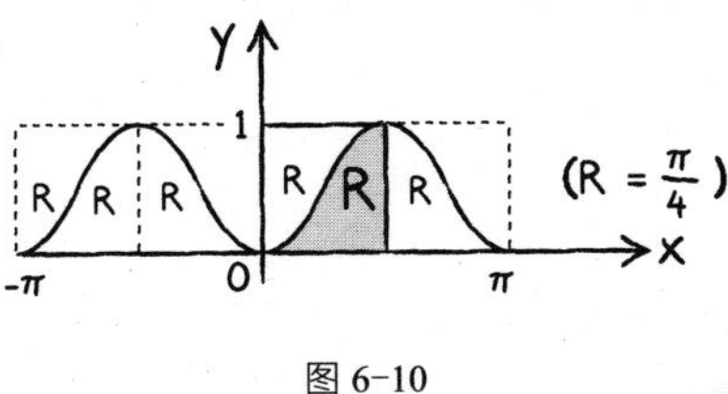

图 6–10

R 的区域总让我想起适用于上图中所有空间的一块拼图。

所以你塞给我的傅里叶任务给了我动力。这些拼图块受到压缩，变成手风琴样式，突然之间我看到了驼峰，驼峰！

图 6-11 是当 k=3 时，我的艺术作品：

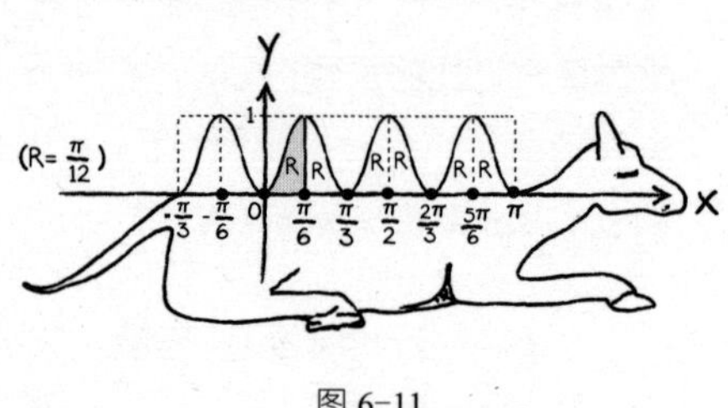

图 6-11

然后我也需要说服自己相信是这些项，而不是 $\sin^2$ 项，得到了切换：

当 $k \in \mathbf{N}$，$k \geqslant 2$，$\int_{-\pi}^{\pi} \sin x \sin kx \, \mathrm{d}x = 0$。

我用了

$$\cos(x+y) = \cos x \cos y - \sin x \sin y$$

$$\frac{\cos(x-y) = \cos x \cos y + \sin x \sin y}{\cos(x-y) - \cos(x+y) = 2\sin x \sin y}$$

来解作为余弦“总和”的积分。它让我想起我强调利用正弦和余弦的分解特性已经是很久以前的事了。有一次，我把它们放在周期性的讨论中。那时我们一周

5节课，每节课有50分钟。难怪我们在数学成绩和能力方面都不如其他国家的竞争对手。我们数学课减少到每周4节，每节45分钟，高中下午2点就放学。也许美国高中学生包装超市杂物比日本学生强（这样他们可以驾驶有四声道音响的庞蒂亚克上学）。

我跑题了！

当我重新看餐具垫上关于 $\sum\frac{\sin k}{k}=\frac{\pi-1}{2}$ 的证明并得出 $\tan^{-1}\left(\cot\frac{1}{2}\right)$ 的步骤时灵光乍现，我看出 $\tan^{-1}\left[\tan\left(\frac{\pi}{2}-\frac{1}{2}\right)\right]=\frac{\pi}{2}-\frac{1}{2}$。我把这个写在你没收到的明信片上了。

明天上课时，我会见到微积分AB毕业班的学生。我担心由于他们中太多人在八年级时被迫学习得太快而不够清楚明白（或者对数学没有足够的热情），难以保持进入微积分学习时应该具有的基本素质。很多人忘记了正弦和余弦的倍角形式、周期性、代数……我们还没讲到对数和指数函数。我都不敢想，要学习 $\ln x$、e^x 的微积分得复习多少相关知识。

我给你看过根据巴里·莫兰的积分解$\left(\frac{1}{2}\right)$！采用的不同方法。你不必觉得必须回复我这些信件。我只是想让你知道你所有的努力都有被认真对待。我看了我儿子杰夫的克拉克森数学/英语教科书中的尖峰函数部分，这本书我想已经被偷走了。

非常感谢并美好问候。

乔夫

1989年3月22日，星期二晚

亲爱的乔夫：

谢谢您寄来的明信片和信件。我都收到，温斯洛普是我家，皮尔斯是办公室。我喜欢驼峰！您的艺术作品和我记忆中的一样好！您可能已经注意到关键的地方了，但我还是再提一下。您骆驼拼图的互补部分是$\int_0^\pi \cos^2 kx dx$，把它颠倒过来（见图6-12）。

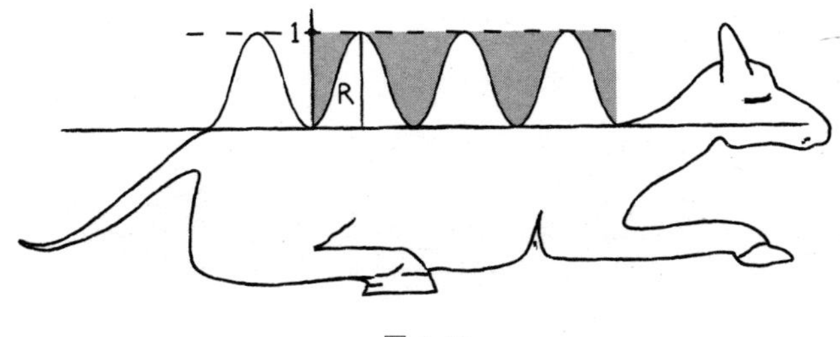

图 6-12

现在由于 $\cos^2 kx+\sin^2 kx=1$，得到

$$\int_0^\pi \cos^2 kx\,\mathrm{d}x+\int_0^\pi \sin^2 kx\,\mathrm{d}x=\int_0^\pi \mathrm{d}x=\pi$$

而且因为左边两个积分是相等的，我们可以得出 $\int_0^\pi \sin^2 kx=\frac{\pi}{2}$。这与您那个有着矩形的好看的图是等价的。内行会这样说：“多周期的 $\sin^2$ 平均数是 $\frac{1}{2}$。”

您解 $\sum\frac{\cos k}{k}$ 的方法与我的也是一致的。

就 $\tan^{-1}\left(\cot\frac{1}{2}\right)=\frac{\pi}{2}-\frac{1}{2}$ 而言，图 6-13 是另一个很好的演示方式。

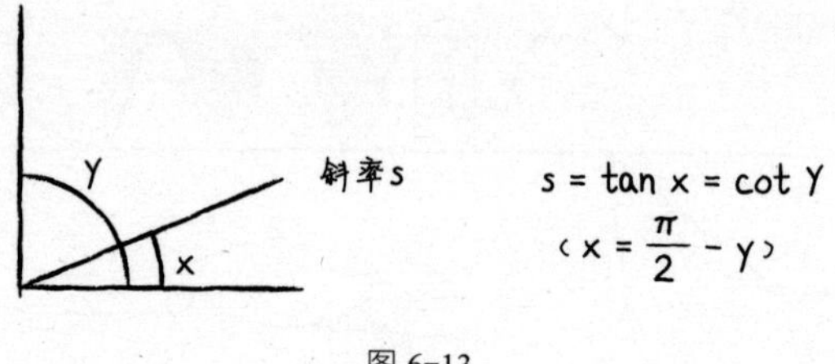

图 6-13

我在信中也附上了 Γ 函数的一个图，对实数 x 来说，$\Gamma(x)=(x-1)!$ 显然最小值是在 $x=1.46\cdots$附近（我还没明白为什么）。所以（0.46）! 对于 $x>0$ 来说，是最小的。多么令人惊讶!（←不是阶乘符号）。替我问候巴里·莫兰。

干杯!

史蒂夫

1989 年 3 月 28 日

第 7 章

人生总有相遇点

他的人生开始走下坡路，

而我的事业则蒸蒸日上。

我们那时正好处在同一时间、同一地点，

尽管经历着不同的旅程。

马丁·加德纳在1961年6月的《科学美国人》的“数学游戏”专栏中发布了一道智力题，这道题后来成为心理学课程中关于创造性的一个经典：

> 清晨日出之时，一位和尚从山脚出发，开始爬一座高山。山路狭窄，仅有几十厘米宽，蜿蜒至山顶，那里有座金碧辉煌的寺庙。
>
> 和尚爬山的速度时快时慢，中间多次停下来休息，吃一些随身携带的干果。日落前他到达寺庙。经过几天的斋戒和冥想之后，他沿原路下山。还是在日出时出发，一路上走走停停，时快时慢。当然他下山的平均速度要快于上山时的平均速度。
>
> 请证明有这样一个地点，和尚将在一天的同一时刻在上山和下山时都会途经这里。

可能你要思考几分钟。你能否提出令人信服的理由来说明确实如此呢？你不需要找出这个神奇的地点在哪儿，它的位置取决于一些未知的细节，如和尚行走的速度、他停了多久，等等。你只需要证明某处一定会存在这样一点就可以了。

许多人觉得这个问题是无法解决的，因为条件不足。当然用语言或代数你是无法解决的。

尝试一下，然后接着往下读。

和尚与山

一种方法是图解法。图 7-1 是关于和尚在不同时间所在位置的图。在上山的过程中，图从日出和山脚开始，然后逐渐曲折向上（之所以是曲折的线是因为和尚走走停停且时快时慢），最后在日落之前终于到达山顶。

现在想一下，相应的下山的路线图是怎样的。它也是一条弯弯曲曲的线，除了始于山顶，结束于山脚之外，我们对它的形状几乎一无所知。

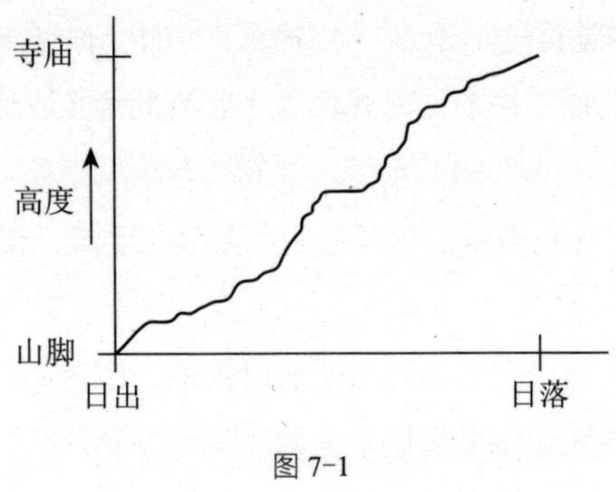

图 7-1

幸运的是，这些信息对解决问题来说已经足够了。当你把上山和下山的曲线图放在同一坐标系中时，就可以清楚地看到两条线是有一个交点的。这个交点就是和尚在两天中同一时间经过的同一地点（见图 7-2）。

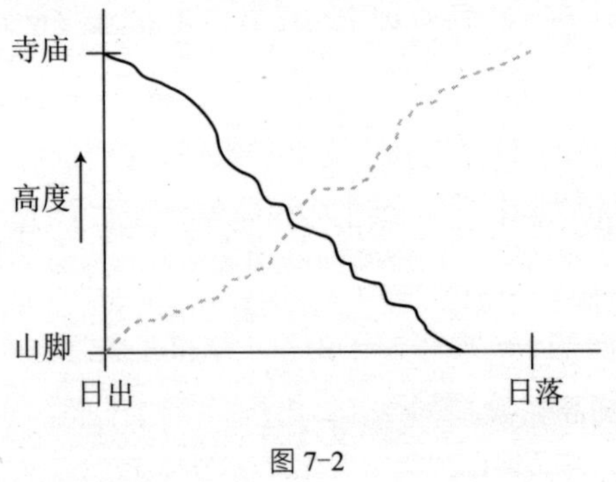

图 7-2

如果你觉得这个论点不足以令人信服，你可以利用更严格的微积分来解决这个问题。假设两条曲线都是时间的连续函数（意味着和尚连续地沿着这条路前行，没有从一个地点跳跃到另一个地点或者使用喷气背包），中值定理保证上行和下行的曲线会在某处相交。

看起来一切皆好，但这仍不是最好的证明。最好的证明应该是只用常识再加上一些想象就可以解决问题。这是利用视觉意象进行数学证明的一个非常好的例子。

把这个和尚想象成两个人，一个上山，一个下山，两个人都是在当天的黎明时分出发。换句话说，就是把两天的事件叠加在一起，看看会发生什么。正在上山的他会在某个地方遇到正在下山的他。也就是说，他会在同一时间走到同一地方。证毕。

同一时间、同一地点的不同旅程

当我回忆 1989 年秋天发生在我和乔夫之间的事情时，我想到了和尚和大山的故事。我们的通信开始前所未有地频繁起来，而那时我们的事业正处于交叉点。他的人生开始走下坡路，而我的事业则蒸蒸日上。我们那时正好处在同一时间、同一地点，尽管经历着不同的旅程。

对我们来说那是一段美好的时光。乔夫在 1990 年 7 月 7 日的信中提到了他退休后要住的房子：

我和苏最近在康涅尼克的老莱姆镇买了一栋房子，外面盐碱地的景色非常壮观。昨天，我们看到一对蓝鸟在挑选我的巢箱，后来，有一只红色的狐狸在盐碱地上溜达。傍晚，当我们吃晚餐时，一只母鹿和它的小鹿也在那里嬉戏，为我们增添了无尽的乐趣。

与此同时，我刚刚开始了在麻省理工学院的工作。我心花怒放，我和乔夫现在都是教员了，我们都有学生，都能与学生一起讨论微积分问题。

还有，我终于恋爱了。伊丽莎白是一名工程师、健美操教练，也是犹太人，她与我心目中的理想伴侣十分接近。她甜美风趣，也很爱我。我们似乎该准备结婚了，是时候见父母了。

“伊丽莎白不爱说话吗？”母亲后来问我。“不是的，她可能有点儿紧张或者害羞。”总而言之，事情进展得还算顺利，大家都很高兴。我注意到母亲这边有点儿不赞成，仅此而已，就那么一点儿，以后相见肯定会相处得更自然。

不寻常的问题，需要不寻常的方法

乔夫有一次在电话里提到一个不同寻常的问题，这个问题是学校里的一个科学老师求教于他的，与“非线性振荡器”有关。通常我们学习的是线性振荡器，更常见的是简谐振荡器，把东西挂在弹簧上，摆锤上下跳动，就像冒失鬼蹦极时一样。最简单的假设是弹簧服从力的线性定律：你把弹簧拉得越长，它弹回去的就越多，与拉力成正比。在这种条件下，你可以证明每次往复振动的时间是相同的，与往复振动的大小无关。或者说，振动的周期是独立于振幅的。所有高中物理课都是这么教的，老师们也觉得这样很稳妥。

但如果力的定律是非线性的呢？比方说它是三次方的关系：$F=-kx^3$，则弹簧回弹的力与拉力的三次方成正比，此时振动的周期还独立于振幅吗？如果不独立，它将随着振幅的增加变大还是变小呢？

我告诉乔夫可以用一种叫作“维度分析”的方法来解决这个问题。这是一种简便而快速的方法。其实，你根本不需要用微积分，只要代数和一些关于物理量的单位（维度）知识就可以了。当一个问题用其他方法很难解决时，可以尝试用维度分析法。

乔夫：

关于质量 m 以力 $F=-kx^3$ 作用于弹簧时其振动周期的问题，我产生了一些有趣的想法。解决这类问题有一种好方法，我忘记提了，就是“维度分析”。你可以用这个问题中的量的单位得到变量之间的基本关系。

例子：假设没有物质时，弹簧的初始位移是 A，则该问题中只有三个参数：A、k 和 m。

- A 是位移——单位是米或其他什么都可以。重点是它的维度是长度。我们写成 $A \sim L$，表示“A 有若干单位的长度”。

- m 是质量，有单位，m 的单位表示为 $m \sim M$。

- k 代表什么呢？它是根据公式 $F=-kx^3$ 来定义的。F 是力，单位是质量 × 加速度，即 $F \sim ML/T^2$(比如它可以用千克 · 米 / 秒 ² 表示)。x^3 的单位表示为 $x^3 \sim L^3$。则可以写成 $k \sim \frac{F}{x^3} \sim \frac{ML}{T^2L^3} \sim \frac{M}{L^2T^2}$。

总结如下：

$$\left.\begin{array}{l} A \sim L \\ k \sim M/\left(L^2T^2\right) \\ m \sim M \end{array}\right\} \leftarrow$$

因为我们要求周期表示为 $\sim T$，所以得把这些合并起来，只有这样，我们才能以某种方法得到一个单位是时间的量。

M 和 L 都得消掉，我们才能得到一个纯时间。A、k 和单位是 T 的 m 的唯一组合为：

$$\left(\frac{1}{k}\cdot\frac{1}{A^2}\cdot m\right)^{1/2} \sim \left(\frac{L^2T^2}{M}\cdot\frac{1}{L^2}\cdot M\right)^{1/2} \sim T$$

换一句话说，无须做任何实际工作，我们就可以得出振动的周期一定与 $\frac{1}{A}\sqrt{\frac{m}{k}}$ 成正比！

找到 m、k 和 A 合适组合的一种系统方法可以写成下面的形式：

$$m^{\alpha}k^{\beta}A^{\gamma} \sim T^1 \sim T^1M^0L^0$$

要求出 α、β、γ，可以这样：

$$m^{\alpha}k^{\beta}A^{\gamma} \sim M^{\alpha}\left(\frac{M}{L^2T^2}\right)^{\beta}L^{\gamma} \sim M^{\alpha+\beta}L^{-2\beta+\gamma}T^{-2\beta}$$

则纯时间就是 $M^0L^0T^1$。因此

$$\left.\begin{aligned}\alpha+\beta=0\\-2\beta+\gamma=0\\-2\beta=1\end{aligned}\right\} \Rightarrow \beta=-\frac{1}{2}，\gamma=-1，\alpha=\frac{1}{2}$$

得到我们想要的结果：

$$m^{\alpha}k^{\beta}A^{\gamma} \sim m^{1/2}k^{-1/2}A^{-1} = \sqrt{\frac{m}{k}} \cdot \frac{1}{A}$$

注意：如果漏掉了可能有关的其他参数，采用这种方法就很危险。例如，用这种方法解决钟摆问题，摆长为 ℓ，质量为 m，初始振幅为 θ_0，可以写成下面的形式：

$$m \sim M$$

$$\ell \sim L$$

$$g \sim \frac{L}{T^2}$$

你有可能忘记的是 θ_0 是没有计量单位的。

因此 T 取决于 θ_0（以某种未具体说明的方式），或者取决于 m、ℓ 和 g 的某些组合形式。你可以发现得到时间的唯一方法是利用 $\sqrt{\frac{\ell}{g}}$ 这个表达式。注意，质量 m 可能没办法加进来。这样就没什么可以消掉的！诀窍在于 θ_0 是可以加进去的（周期受 θ_0 影响——当然 θ_0 就可以加进去了）。

练习:（a）证明（对比）简谐振荡器的周期与初始振幅无关。（b）如果加上初始速度 $v_0 \neq 0$ 的条件，结果会怎样？（c）根据力的定律公式 $F=-kx^n$ 重新计算上面的问题，这里 n 是正奇数。用 k、m 和 A 如何表达振荡周期？

现在让我们着手解决您提到的根据能量守恒原理，利用积分 $\int_0^1 \frac{\mathrm{d}x}{\sqrt{1-x^4}}$ 来计算振荡器的三次方周期问题。正如我猜想的（您也是这样想的），它是椭圆积分。我会另找时间对此进行解释。现在我们来看看要怎样做才能把一个数消掉。

首先，注意这个积分是有限的，因为当 $0 \leqslant x \leqslant 1$ 时，$1-x^2 \leqslant 1-x^4$，所以

$$\int_0^1 \frac{\mathrm{d}x}{\sqrt{1-x^2}} \geqslant \int_0^1 \frac{\mathrm{d}x}{\sqrt{1-x^4}}$$

$$\|$$

$$\sin^{-1} 1 = \frac{\pi}{2}$$

由此可以得出

$$\int_0^1 \frac{\mathrm{d}x}{\sqrt{1-x^4}} \leqslant \frac{\pi}{2} \sim 1.57$$

然后，我就到阿布拉莫维茨和斯蒂的书中查找数学用表（他们的书堪称是这类东西中的经典）。我找到了相关公式，核心是 $\frac{1}{\sqrt{2}}K\left(\frac{1}{2}\right)=\int_0^1 \frac{\mathrm{d}x}{\sqrt{1-x^4}}$ 。

这里 $K(m)=\int_0^1 [(1-t^2)(1-mt^2)]^{-1/2}\mathrm{d}t$ 被称为“第一类完全椭圆积分”（没人会记住它，“需要用的时候，你总是能够查到的”，虽然我最烦听到这样的话，但这次它却是千真万确的）。

查表可知：$K\left(\frac{1}{2}\right)$ =1.854 074 677 3⋯（还有 10 位以上的数！）则可以预测

$$\int_0^1 \frac{\mathrm{d}x}{\sqrt{1-x^4}} \approx \frac{1}{\sqrt{2}}(1.854\cdots)$$

$$\approx 1.311\ 03\cdots$$

（正如所预料的一样，它 $\leqslant \frac{\pi}{2}$ ）

后面是电脑计算的结果，为简洁起见，这里略去不写。我让电脑计算出被积函数（$1-x^4$）$^{-1/2}$的麦克劳林级数的前 40 项，再把它们一项一项地积分。估计出的定积分结果是 1.22，与预测的结果 1.31 相差很大。这是由于我采用的麦克劳林级数收敛速度较慢造成的。

最诚挚的问候，期待下一个问题。

史蒂夫

1990 年 4 月 16 日

另：现在是凌晨 2 点 15 分！

乔夫：

在睡觉之前，我想到了一个对$\int_0^1 \frac{\mathrm{d}x}{\sqrt{1-x^4}}$来说要快得多的收敛级数。我们最初尝试中出现的问题来自$\frac{1}{\sqrt{1-x}}$的奇点，先把它放在一边，把其余的部分展开。

最佳的方法可能是

$$(1-x^4)^{-1/2}=\underbrace{(1+x^2)^{-1/2}}(1-x^2)^{-1/2}$$

只对标了下括号的进行扩展（它在接近 $x=1$ 时并不是单数）：

$$(1+x^2)^{-1/2}=1-\frac{1}{2}x^2+\left(-\frac{1}{2}\right)\times\left(-\frac{3}{2}\right)\times\frac{1}{2}x^4-\cdots$$

$$=1-\frac{1}{2}x^2+\frac{3}{8}x^4-\cdots$$

$$\Rightarrow\int_0^1\frac{\mathrm{d}x}{\sqrt{1-x^4}}=\int_0^1\left(1-\frac{1}{2}x^2+\frac{3}{8}x^4-\cdots\right)\frac{\mathrm{d}x}{\sqrt{1-x^2}}$$

关键点：

每个 $\int_0^1\frac{x^{2n}\mathrm{d}x}{\sqrt{1-x^2}}$ 形式的积分可以用三角函数替换。

设 $x=\sin\theta$，

$$\int_0^1\frac{x^{2n}}{\sqrt{1-x^2}}\mathrm{d}x=\int_0^{\frac{\pi}{2}}\sin^{2n}\theta\mathrm{d}\theta$$

$$=\frac{\pi}{2}\times\frac{1}{2}\times\frac{3}{4}\times\frac{5}{6}\times\cdots\times\frac{2n-1}{2n}$$

（沃利斯公式）

所以尽情地用沃利斯公式吧！

$$\int_0^1 \frac{1-\frac{1}{2}x^2+\frac{3}{8}x^4-\cdots}{\sqrt{1-x^2}}\mathrm{d}x$$

$$=\frac{\pi}{2}\left(1-\frac{1}{2}\times\frac{1}{2}+\frac{3}{8}\times\frac{1}{2}\times\frac{3}{4}-\cdots\right)$$

$$\approx\frac{\pi}{2}\left(\frac{64-16+9}{64}\right)=\frac{57}{64}\times\frac{\pi}{2}\approx 1.399$$

这个系列可以交替，因此我们总能得到答案的上限和下限。

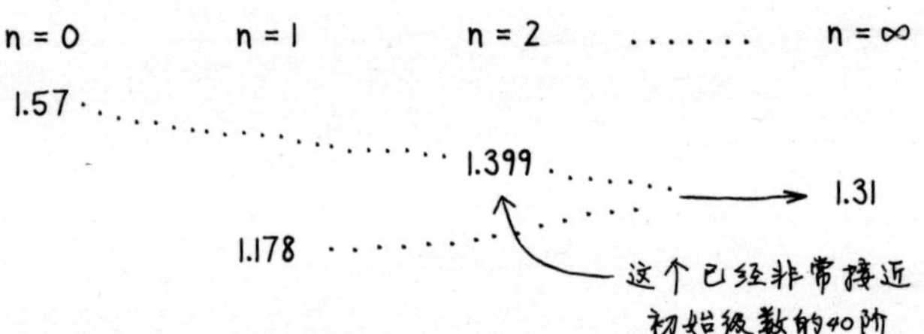

史蒂夫

1990 年 4 月 16 日

共同见证他教师生涯的最高成就

晚春的时候，我和埃德·爱克受邀回到卢米斯，在荣誉教员酒会上做有关乔夫的演讲。乔夫 1990 年获得了由各学校组成的联合会颁发的教学“天鹅奖”，对教师来说，该奖项代表着职业生涯的最高成就。

主办方要我和埃德讲几句话，我们的出席会给乔夫一个惊喜。我和埃德在念研究生时成为朋友，但远在这之前，我们就彼此认识，那时我们都是高中数学小组的成员。

埃德比我小两岁，他极富数学才能。老师们经常谈论他在每周举行的校际比赛中获得满分的事情。他讨人喜欢，既不是书呆子，也不争强好胜。他非常完美。唯一能让人想到的不足是，他总爱很大声地清嗓子，有点儿像狗叫声。但对于一个数学天才来说，这只不过是个可爱的小缺点。

现在我们又回到学校了，来到了庄严的老式餐厅里——天花板上挂着精美的大吊灯，餐桌上点着蜡烛，透过大大的玻璃窗还可以欣赏外面庭院里夜幕降临的景色。我们站在圆形的餐桌旁，老师们面带微笑，眼神充满期待。我仅准备了即兴演讲，没有带演讲稿。开始感觉还行，但在众人面前我很快就张口结舌，说不下去了。埃德就站在我旁边，他立刻接下去，用真挚而充满感情的语言赞美乔夫。这一次他没有清嗓子。

至于其他的事情，我就想不起来了。他讲话的时候，我坐下了吗？还是我依然站着，努力保持镇静？这些真的都变得模糊不清了。但我很高兴，埃德能在我旁边。

从左至右依次为埃德·爱克、乔夫里先生和我

第 8 章

不可预知的随机选择

三扇门中只有一扇门后面藏有汽车大奖，

而另两扇门后面则各有一只山羊。

如果你选了其中一扇“1 号门”，

这时主持人又打开了另外一扇“3 号门”，

门后面是一只山羊。

此时，“你想选择‘2 号门’吗？”

母亲和伊丽莎白的关系在1990年夏亮起了红灯。伊丽莎白觉得在波士顿生活经济压力太大，提议我们也许应该搬到纽约的特洛伊。伦斯勒理工学院正好想请我任教，他们答应我很快就可以将我转成终身教职，这对我来说非常具有诱惑力。伊丽莎白认为这是个好机会，因为她在纽约的北部长大，那里的生活方式与消费水平对她极具吸引力。但那里一点儿都不适合我的母亲。

婚礼与葬礼

事实上，伊丽莎白对很多事情不满意已经很久了。为了能和我在一起（1989年我们一直分隔两地），她辞去了亚拉巴马州亨茨维尔她热爱的工作，搬进了我的小公寓。但这个公寓对两个人来说实在太小，她不得不把衣服放进储藏室。

失业以及漂泊感令她越来越烦躁不安。母亲说："伊丽莎白当然有理由不开心，她想要订婚。她是个好女孩儿，你去向她求婚吧。你想和她结婚，是不是？"于是，我和伊丽莎白订了婚。

但是当伊丽莎白开始谈论伦斯勒理工学院，建议我放弃波士顿和麻省理工学院时，母亲开始怀疑自己的建议了。她说，或许我们应该慎重考虑结婚的事。当我向伊丽莎白提起这件事时，她特别生气，用什么东西砸了我，好像是订婚戒指。

我们接受了婚前治疗，治疗师似乎为我们之间发生的事情感到担心。但婚礼计划仍在进行中。

1990 年 10 月的一个早上，电话铃声将我和伊丽莎白从梦中惊醒。我的父亲说："史蒂夫，我要告诉你一个不幸的消息，你妈妈昨晚去世了。"

他接着说妈妈因为肠梗阻需要手术，但因心脏病发作而死在了手术台上。

在葬礼上，我和伊丽莎白、父亲、哥哥和姐姐坐在一起，姐夫在念悼词，好几次我都听到自己的哀号声，就像在电影中看到的一样，让人难以置信。我一直认为演员表演得过火，但现在我明白了，那不是夸张。人确实会号叫。我就在号叫，从胸腔里发出动物般的声音。

回到麻省理工学院的数学系后，尽管我因为参加葬礼而耽误了几天的课程，可是并没有人过来安慰我。只有办公室的行政助理南希·托斯卡诺给我送来了一张慰问卡。到现在我都非常感动，并为那简单的举动带来的温暖和力量感到惊讶。

我没有对系里同事的沉默感到不满。他们只是不知道应该说些什么，正如我对于马歇尔的死也不知道如何安慰乔夫一样。

在承受这一切的时候，乔夫又来信了，他的信像一剂良药抚慰着我的伤痛。

第 8 章
不可预知的随机选择

亲爱的史蒂夫：

我一定得跟你说说新学年的事。这学期我开设了多元微积分课，开始时有 7 个学生，现在只剩下 6 个了，应该不会再少了。这是一个有着一群极具数学天赋又积极上进的学生的完美集体！你在这里早已声名远扬，甚至那些我不认识的新老师也对你有所耳闻［我怀疑他们连斯皮罗·西奥多·阿格纽（Spiro Theodore Agnew）是谁都不知道］。

我必须讲讲下面这件事，因为它令我们的课堂达到了一个非常高的水准。

通过充分利用你寄给我的伍兹的著作，及受到《别逗了，费曼先生！》一书的启发，我给他们演示了如何对“魔法”积分再进行微分。最初是要证明 $n!=\int_0^\infty x^n\mathrm{e}^{-x}\mathrm{d}x$。结果第二天一个男生上课时带来了 Γ 函数（他父亲提供给他的）。我们发现它是 $n!$（欧拉？）函数的转化。在我记忆深处（我跑题了），我记得你曾寄给我一个显示 $n!$ 的最小值的 Γ 曲线图。

我不知在哪里看到开尔文勋爵曾经说过，一个连 $\int_{-\infty}^{+\infty} e^{-x^2} dx = \sqrt{\pi}$ 都不知道的人，是不能自称为数学家的。去年在多元微积分课上，我能用二重积分、极坐标导出这个结果……有几分像数学系大四优等生所做的。

我现在开始讲故事了。序幕正在拉开，尚无结局。昨天，我在课堂上将 $\frac{\sin x}{x}$ 和 $e^{-\alpha x}$ “连接”起来，然后通过对积分 $\int_0^{\infty} e^{-\alpha x} \frac{\sin x}{x} dx$ 再进行微分得到 $\int_0^{\infty} \frac{\sin x}{x} dx = \frac{\pi}{2}$。一个学生惊讶于如此美妙的结果，坐在那里足足鼓掌赞叹了半分钟！就像他看见帕尔曼将以前不可能完成的小提琴协奏曲首次演奏出来一样。

我的表现不包含在内。我只不过是这些优美数学作品的热心传播者。我想这是我教学生涯中第一次有学生做出那样的反应。这让我更加确信年轻人已经表现出像欣赏其他艺术一样欣赏数学之美的潜力。

乔夫

1990 年 10 月 13 日

第 8 章
不可预知的随机选择

停留在浪尖的瞬间

生活变得很忙碌（秋季考试、帆板运动、评定成绩和写评语，还是帆板运动），这封信被我压到要处理的各种文件的最下面。多元微积分课堂仍然很快乐，实际上我们在三维空间方面做得不多（正如课程名称所示）。秋天因为有斯托加茨—米洛罗的训练而令人兴奋，这些东西是我们微积分 BC 课上找不到的。我们数学小组中有几个学生知道米洛罗，他们好像在什么地方听过他的讲座。他们非常喜欢你寄给我的写有 $\sum\frac{\sin k}{k}$ 证明的中餐馆的餐具垫。一个叫大卫·蔡的学生还知道餐具垫是哪家餐馆的。以前的一个学生（现在是数学博士，在约翰·汉米尔顿的柯达公司任研究员）给我写了一封信，提到美国橄榄球大联盟（NFL）存在的一个问题。他发现有些球队为了让球员在球门前有个相对更好的位置，故意让对手犯规，从而通过判罚射门而得分。应该指出的是，球位于边线上。我的这些学生利用三维向量解决这个问题（可能他们渴望成为 NFL 数学家)，结果发现了一个意想不到的结果。我们用数学方法构建了球场的“场地”，可以观察两个门柱之间的角度，以便进行实验研究。

说到传说，我给他们看了杰米·威廉姆斯的一个证明，他是我的“微积分基础”微积分课秋季班上的一个高二学生。这个证明是这样的，三角形的三条高共点。他利用点积做了巧妙的证明（这说明他能很好地运用代数中关于点积的知识)。我想这些孩子会喜欢子弹上行和下行时的最大射程问题。我随便利用一个倾斜的桌子做了个实验，上面有一把固定在象限中的弹簧枪。但我喜欢教数学的原因是不用老是安装和拆卸实验设备。这种思维实验是非常美妙的。我敢肯定有几个孩子在早上上学的校车上，打开笔记本电脑，不用微积分，就能解决给定的山坡的斜率问题。

11 月是从事帆板运动的最好季节之一，来自印度洋夏季的风和浪恰到好处。我总觉得自己正在离岸 800 米的长岛海湾，踏着一米多高的巨浪，停留在浪尖的瞬间很像微积分的符号，然后以超过 30 千米的时速俯冲回水面。人在那样的情境下很容易激动（不知道我的学生有没有注意到，因为回忆愉快的假期，我常常会在课堂上不由自主地傻笑。此时我本应该讲一些关于解决曲面的方法之类的严肃问题)!

我想我的职业生涯已近尾声，但我非常感谢卢米斯让我拥有了这样的人生。遗憾的是我不能在这里创立一个数学“名人堂”，但说句公道话，对于 1950 年以前的数学巨星以及那些我没有福分教到的数学家，我就只能向学生讲述我所知道的关于他们的不朽传奇了。

假期愉快，记得休息（你需要休息吗？）。

最美好的问候。

乔夫

1990 年 11 月 30 日

违反直觉的三门问题

几天过后，发生了一件意想不到的让人开心的事，似乎全国人民都在为一个数学难题争辩，这种情况非常罕见。事情是这样的，玛莉莲 · 莎凡在《大观》杂志上开设了一个叫作“问玛莉莲”的专栏（她因为拥有最高智商而入选吉尼斯世界纪录中的名人堂），她拥有数百万读者。她在专栏中回答了一个读者提出的脑筋急转弯问题。大致上基于蒙提·霍尔主持的老牌电视节目《猜奖游戏》：

> 假设你正在参加一个电视游戏，要在三扇门中选择一个。三扇门中只有一扇门后面藏有汽车大奖，而另两扇门后面则各有一只山羊。如果你选了其中一扇“1号门”，主持人知道门后面是什么。这时主持人又打开了另外一扇“3号门”，门后面是一只山羊。此时，主持人问你：“你想选择‘2号门’吗？”对你来说，改变选择是否有利呢？

玛莉莲的回答是“是”，应该改变选择。因为改变选择后你能赢得汽车的机会是2/3，而如果你坚持原来的选择，你赢的可能性只有1/3。

这个回答显然违反直觉，以至于数千读者，包括很多专业的数学家，发给她言辞激烈的信。有人写道：“我国缺少数学素养的人已经够多了，我们不需要世界上智商最高的人再来宣传这点了。丢人！”还有人斥责说：“作为一个专业的数学家，我对于公众缺乏数学技能非常在意。帮个忙，请向大众公开承认你的错误，以后也应谨言慎行。”还有人则简洁地写道：“你就是那只山羊！”

但事实上，玛莉莲是对的。为什么呢？假设当蒙提给你机会选择时，你按玛莉莲的意见而改变原来的选择。游戏的结果有三种可能性：

- 你选择山羊 1，蒙提给你看的是山羊 2，改变选择，你将得到汽车。
- 你选择山羊 2，蒙提给你看的是山羊 1，改变选择，你将得到汽车。
- 你选择汽车，蒙提给你看的是一只山羊，改变选择，你将得到另一只山羊。

所以通过改变选择，你得胜的机会正如玛莉莲所言是 2/3。

另一个看出为什么改变选择更好的直观方法是考虑有很多门的情况，比如 1 000 个门。你选择 1 号门。像其他任何一个门一样，命中率是 1/1 000。然后蒙提打开后面有山羊的 998 个门，仅剩你所选的门和另外一个门，比如是 723 号门。“现在，”他问，“你想继续选择 1 号门，还是换成选 723 号门呢？”

你能看出来他几乎正在告诉你汽车在哪儿吗？选 723 号门！难道你真的对自己的猜测能力有足够的信心而坚持选择 1 号门吗？

乔夫想听听我对这场争论的看法。

乔夫：

我认为玛莉莲是对的。在你选择了一扇门之后，蒙提打开另一扇门出现的是一只山羊，那么你改变决定而选择剩下的那扇门时，你赢得游戏的机会是 2/3。她列出的概率很清楚地证明了这一点。

有些人对蒙提打开有羊的门之后，所剩下的两扇门的明显不对称性感到困惑。但是请记住——蒙提所做的事情是非随机的：他给你看的总是山羊，这就是对称被打破的原因。但是，还是令人困惑！

这里有两个杨辉三角的小花絮：

扩展杨辉三角的“正确”方法是什么？

1	n = 0
1 1	n = 1
1 2 1	n = 2
1 3 3 1	n = 3
1 4 6 4 1	n = 4

当 n 是负数时，这个三角怎么扩展？你的学生会发现这非常有意思（这是一个开放性问题）。

这里有个用 $\int_0^{2\pi}(\cos\theta)^{2m}\,\mathrm{d}\theta$ 求沃利斯公式的简便方法，这里 m 为整数，$m \geqslant 1$。它利用了杨辉三角和欧拉公式 $\cos\theta=(\mathrm{e}^{\mathrm{i}\theta}+\mathrm{e}^{-\mathrm{i}\theta})/2$。我们现在面对的是积分怪物：$\int_0^{2\pi}\left(\frac{\mathrm{e}^{\mathrm{i}\theta}+\mathrm{e}^{-\mathrm{i}\theta}}{2}\right)^{2m}\mathrm{d}\theta$。

但是等一下！如果我们用二项式公式将其展开，所有的积分都将消失！因为我们会得到一些这样的项：

$$\int_0^{2\pi} \mathrm{e}^{\mathrm{i}k\theta}\mathrm{d}\theta = \int_0^{2\pi}\cos k\theta\mathrm{d}\theta + \mathrm{i}\int_0^{2\pi}\sin k\theta\mathrm{d}\theta = 0$$

不包括 $k=0$ 的情况（对应于二项展开式中的“中间项”），此时积分不会等于0。当 $k=0$ 时，$\int_0^{2\pi}\mathrm{e}^{\mathrm{i}k\theta}\mathrm{d}\theta = \int_0^{2\pi}(1)\,\mathrm{d}\theta = 2\pi$。

现在我们需要做的只是确定中间项的系数。我们常见的有两种情况：$(1+x)^2$ 的中间项的系数是 2，$(1+x)^4$ 的中间项的系数是 6。

1

1 1

1 (2) 1

1 3 3 1

1 4 (6) 4 1

通常，我们得到

$$(1+x)^n = \sum_{k=0}^{n}\binom{n}{k}x^k$$

这里$\begin{pmatrix} n \\ k \end{pmatrix}$（读作“$n$ 选 k”）表示$\dfrac{n!}{k!(n\text{-}k)!}$。中间项就出现在系列 n 的中间（或者三角中的一行的中间）。对我们来说，n=2m，因此我们令 k=m，即想要的系数是$\dfrac{(2m)!}{m!\,m!}=\dfrac{(2m)!}{(m!)^2}$（因为 $(n-k)!=(2m-m)!=m!$）。

（检验：当 m=1 时，系数是 2，当 m=2 时，系数是 6，与期望的一样。）

好了，不管它了！

$$\int_0^{2\pi}\left(\frac{\mathrm{e}^{\mathrm{i}\theta}+\mathrm{e}^{-\mathrm{i}\theta}}{2}\right)^{2m}\mathrm{d}\theta=\frac{1}{2^{2m}}\frac{(2m)!}{(m!)^2}\int_0^{2\pi}\mathrm{e}^{\mathrm{i}(0)\theta}\mathrm{d}\theta$$

+ 称为 $\int \mathrm{e}^{\mathrm{i}k\theta}\mathrm{d}\theta$，$k \neq 0$

这个积分结果为 0。

右边最上面的积分上限是 2π，所以我们计算出的答案是$\dfrac{2\pi}{2^{2m}}\dfrac{(2m)!}{(m!)^2}=\int_0^{2\pi}(\cos\theta)^{2m}\mathrm{d}\theta$。

你可能想利用阶乘自己验证一下这是否真的是沃利斯公式的结果：

$$2\pi \times \frac{1}{2} \times \frac{3}{4} \times \frac{5}{6} \times \cdots \times \frac{2m-1}{2m}$$

好了，乔夫。我现在的时间只够写这些。晚餐已经做好了！

再见，我的朋友。

史蒂夫

1991年1月7日

THE

CALCULUS

OF FRIENDSHIP

∫

第三部分

非线性的人生感悟

THE CALCULUS OF FRIENDSHIP

第 9 章

极限与无穷，也许是人生的全部

也许我们在这轮通信中，

以极限和无穷为主题并不是偶然的。

因为心里知道死亡是不可避免的，

我们俩都希望找到一个避难之所，

那正是无穷真正存在的地方。

在日常用语中，极限与无穷听起来好像是彼此矛盾的，但是在微积分里，它们却是联系紧密的概念。事实上，它可能是微积分中最具革命性的概念，正是这个概念把微积分从传统的代数、几何、三角学领域中区分出来，形成了一个新的数学分支。

微积分的伟大贡献在于它对无穷的驯化。长久以来，无穷是一个让人回避甚至恐惧的概念。古希腊人认为它毫无意义。文艺复兴时期，教会规定任何人不得写与无穷有关的文字，布鲁诺就是因为违背了这一法令而受到火刑。因为教会认为只有上帝才是真正无穷的。

微积分的创立者之所以敢于面对无穷，是因为他们别无选择。甚至在逻辑上掌握这一概念之前，他们就意识到了无穷及其镜像，无穷小是解决他们那个时代尚未解决的数学问题的关键。无论是计算曲线的正切值这样的几何问题，还是计算轨道中一个行星的瞬时速度这样的物理问题，所采用的策略在概念上是一样的，即将一个复杂的运动或形状看成是由无穷小的部分组成的一个无穷大的数。这样，一条曲线就变成了无数极小的直线的集合，一个椭圆形的轨道则变成了一系列速度和方向都恒定的微小位移。这样做的优势是部分比整体更易处理。它们从一个到另一个状态的变化几乎是不可觉察的，就像迅速翻阅时的连续书页一样。

极限的有关概念则相当令人沮丧。让我们用一个古老的难题来说明这一点。你要走到城墙那里，先走一半的距离，接着再走这段距离的一半，依次类推，你离城墙越来越近，但你却永远无法到达那里。

微积分最基本的概念都是用极限表述的。数学家在研究微积分的第二次浪潮中引进了极限的概念，用来回避令微积分创立者（尤其是牛顿）在利用无穷小时感到困惑的悖论。牛顿对无穷小的处理是有时把它当作零，有时则不是。人们对他的观点有着截然不同的反应，有恶毒的攻击，也有赞扬。批评者认为牛顿是通过犯两个恰好可以彼此抵消的逻辑错误来获得正确答案的，这种方法让它们不可信。最终的解决办法一个世纪之后才出现。牛顿的无穷小其实还不是真正的零，它们只是无限趋近于零。

波耶的神秘极限

1991 年的 1 月和 2 月，我和乔夫极其频繁地通信，来往比以往或之后任何时候都快。起因是乔夫在卡尔 · 波耶的经典之作《数学史》中看到了一个关于极限的神秘说法。波耶在推导 $\frac{2}{\pi}=\frac{1\times1\times3\times3\times5\times5\times7\times7\times\cdots}{2\times2\times4\times4\times6\times6\times8\times8\times\cdots}$ 这样一个“无穷乘积”的公式将 π 与所有的奇数和偶数联系起来了。令人奇怪的是，π 是关于圆的，应该是与奇数和偶数、算术运算有关，与几何的关系似乎比较远。但是，真正困扰乔夫的并不是这种巧合，而是波耶得出这个公式的方法。

在得到这个无穷乘积公式的过程中，波耶随便用一个数 n 代表某个极限来趋近无穷。具体来说，他利用了公式 $\lim_{n\to\infty}\frac{\int_0^{\pi/2}\sin^n x\mathrm{d}x}{\int_0^{\pi/2}\sin^{n+1} x\mathrm{d}x}=1$，正是这个公式让乔夫感到迷惑不解。

乔夫和他的学生试图证明波耶的神秘极限，但没有成功。他在 1991 年 2 月 7 日给我的信中，描述了他们在这个问题上的“大胆尝试”，然后立刻转而询问我订婚的传闻。在 1991 年 2 月 19 日我给他的回信中，我告诉他如何证明波耶的极限：可以利用当 n 趋近于无穷时，$y = \sin^n x$ 的图象会变成尖峰状的事实。关于我订婚的传闻我只字未提。尽管婚礼仍在筹备中，但伊丽莎白和我都清楚我们之间的感情已经触礁。我也没有告诉乔夫几个月前我母亲意外去世的毁灭性消息。

从最初礼貌性地询问我订婚的事情，到后来告诉我，他的小儿子罹患癌症，乔夫似乎想改变我们之间没有明说的交往原则，尝试在我们的关系中打开一道新的门，或者至少让它半开半掩。而我则有意无意地下定决心留在井然有序的数学世界里。也许我们在这轮通信中，以极限和无穷为主题并不是偶然的。因为心里知道死亡是不可避免的，我们俩都希望找到一个避难之所，那正是无穷真正存在的地方。

亲爱的史蒂夫：

您上一封信寄到我们图书馆了，您力挺波耶

的《数学史》，所以我就去看沃利斯的书了。我发现，根据书中所说，在将几个正整数 n 代入公式 $\int_0^1 (x-x^2)^n \mathrm{d}x$ 进行检验之后，沃利斯用不完全归纳法得出这个积分是 $(n!)^2/(2n+1)!$ 的结论。假定，这个公式也包括分数值，沃利斯得出：$\int_0^1 \sqrt{x-x^2}\mathrm{d}x = \left(\frac{1}{2}!\right)^2 / 2!$，可以导出 $\frac{1}{2}! = \frac{\sqrt{\pi}}{2}$。波耶引用了沃利斯公式：

$$\frac{2}{\pi} = \frac{1\times1\times3\times3\times5\times5\cdots}{2\times2\times4\times4\times6\times6\cdots}$$

继而得到了他的广为人知的结果，并认为这一结果能够从现代定理 $\lim\limits_{n\to\infty}\frac{\int_0^{\pi/2}\sin^n x\mathrm{d}x}{\int_0^{\pi/2}\sin^{n+1} x\mathrm{d}x}=1$ 推导出来，并且 m 为奇整数时，$\int_0^{\pi/2}\sin^m x\mathrm{d}x = \frac{(m-1)!!}{m!!}$，$m$ 为偶整数时，$\int_0^{\pi/2}\sin^m x\mathrm{d}x = \frac{(m-1)!!}{m!!}\cdot\frac{\pi}{2}$。

我认同您给我看的 $\int_0^{\pi/2}\cos^{2m} x\mathrm{d}x$ 的后两个结果，但第一个极限令我不解。我第一次看到“!!”这样定义：$m!!=m(m-2)(m-4)\cdots$ 以 2 或者 1 结束。但究竟是以 1 还是 2 结束呢？

当 $n=1$，2，3 和 4 的时候，我计算了积分 $\int_0^1(x-x^2)^n\mathrm{d}x$，我不能说数列是符合 $\frac{(n!)^2}{(2n+1)!}$ 的。但至少我的结果与这个公式是相符的，我这种通过查表来验证公式的小技巧可能只限于多项式的有限差。

波斯湾的局势令人担忧。这让我想到罗伯特·阿德里在奥杜威峡谷考古挖掘出一个破碎的头盖骨做出了这样的推断：人类总是自相残杀。扬·利基认为这并不是科学的推断，但是在自然界中，我们人类物种内部之间的攻击性确实是非常独特的。如果一个人在鸟语花香的星期天，在长岛海湾波光粼粼的蓝色水域上，迎着时速 20 千米左右的 4 级风（不会让人感到过度寒冷）划帆板，他还会想打架吗？

祝好！

乔夫

1991 年 1 月 21 日，星期一

亲爱的史蒂夫：

我们尝试推导了极限 $\lim_{n\to\infty}\frac{\int_0^{\pi/2}\sin^n x\mathrm{d}x}{\int_0^{\pi/2}\sin^{n+1}x\mathrm{d}x}$。

一个学生很快就发现，除了 $x=\frac{\pi}{2}$ 的情况以外，$\sin x\to 0$ 的幂一直在增加。我对此有准备并且用计算器绘制出了 $\sin^{10}x$、$\sin^{100}x$ 的曲线图。另一个学生看出这个极限似乎包含了洛必达的不定型 $\frac{0}{0}$，就这些了，没有其他进展。我想了个办法可以把这种直觉进一步推进，建议对这个极限大胆剖析，“分层去看”：

$$\left[\lim_{\substack{t\to\pi/2\\ n\to\infty}}\frac{\int_0^t\sin^n x\mathrm{d}x}{\int_0^t\sin^{n+1}x\mathrm{d}x}\right]=\lim_{\substack{t\to\pi/2\\ n\to\infty}}\frac{\sin^n\mathrm{t}}{\sin^{n+1}t}=1\left(0<t<\frac{\pi}{2}\right)$$

以前从未这样做过，我都怀疑这算不算是数学。得到一个我们想要的结果并没有让我感到鼓舞。我再次发现自己运用的是试验法，我很想知道数学家对此会有何感想。

我们现在已经可以熟练运用沃利斯公式$\int_0^{\pi/2}\sin^m x\mathrm{d}x$ $=\frac{\pi}{2}\cdot\frac{(2m-1)!!}{(2m)!!}$（$m$ 是偶自然数）了，因为你求$\int_0^{2\pi}\cos^{2m}x\mathrm{d}x$的方法提示我们不用考虑$\left(\frac{\mathrm{e}^{\mathrm{i}x}-\mathrm{e}^{-\mathrm{i}x}}{2\mathrm{i}}\right)^m$而快速进行积分。

我记得你信中提到过，傅里叶方波和锯齿波里面有用正交计算积分。我现在想不起来你得到傅里叶系数的方法了，但我记得你的方法能让我明白。我看阿格纽的微积分教科书时却无法理解。这种感觉我似曾相识，好像我以前也干过这样的事（然后就不记得了）。

$\int_0^{\pi/2}\sin^m x\mathrm{d}x$（$m$ 为奇自然数时）$=\frac{(2m-1)!!}{(2m)!!}$把我们给难住了。当 m=1，3，5，7 时，我们可以看出模式的发展趋势，但这个公式中，有太多的非零积分要求和，我可没有时间去求和，我想需要借助于$\binom{n}{r}$类的软件来求和。

不管怎样，在做常规的偏导数以及很快就要做的多元变量（令人困惑的）链式法则的过程中，我们享受了对不了解的领域进行探索的乐趣，哪怕只是为了打破常规。

今天，我从$\int e^u du$，从$\int_0^{\pi/2}\frac{e^{ix}-e^{-ix}}{2i}dx$和$\int e^{ix}dx = \int e^{ix}dx = \frac{1}{i}\int e^{ix}i\,dx = -ie^{ix}$这样的积分项开始，把它们当成普通的实函数，对$\int_0^{\pi/2}\sin x dx$进行了很长的推导。尽管过程很长，但我们非常高兴地发现$\int_0^{\pi/2}\sin x dx=1$。我床边有一本复分析的书，但是从夜里 11 点半开始看是看不了多久的，因为我的眼睛已经睁不开了。我现在很后悔在上大学时没有修这门课，其实我也是到大学才接触微积分的。

听西哈特福德的走读生说你已经订婚了。我的学生约迪·厄兰与卡普家很熟，所以才传出了消息。

史蒂夫，我们都为你高兴（如果传闻是真的）。

星期天我是在长岛海湾度过的，驾着帆板，亲身感受风、浪和引力带来的愉悦，这是一种出人意料的航海体验，而且我不必与其他人分享。除了远在地平线的一艘油轮外，我是这个王国的唯一拥有者。要是在夏天，这里会挤满快艇、水上摩托车和其他各类船只。

史蒂夫，希望你一切顺利。你有春假吗？如果你在家乡附近度假，我们非常欢迎你来做客。

祝好！

乔夫

1991 年 2 月 7 日周四前夜

尖峰的奇想

乔夫：

又是繁忙的一天，所以我长话短说。下面是我对 $\lim_{n\to\infty}\frac{\int_0^{\pi/2}\sin^n x\mathrm{d}x}{\int_0^{\pi/2}\sin^{n+1}x\mathrm{d}x}$ 的一些看法。

我们先来看看与之相关的一个积分：$\int_{-\pi/2}^{\pi/2}\cos^n x\mathrm{d}x$。

被积函数 $y = \cos^n x$ 的图象在图 9-1 中看上去像一个大 n（我用余弦，是因为我要呈现的图形在 x=0 时比 $x=\frac{\pi}{2}$ 时更微妙）：

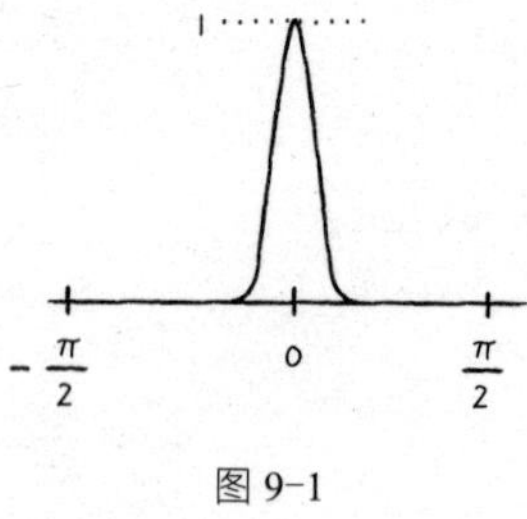

图 9-1

只有 x=0 附近的尖峰部分的函数才对积分有显著贡献。因此，如果我们能用与之非常近似但更简化的东西来取代它的话，就能得到一个更好的形状。

处理这种“尖峰”函数，有一个标准的技巧，叫作“拉普拉斯方法”，在 x=0 附近，我们有 $\cos x = 1-\frac{x^2}{2}+O\left(x^4\right)$。但是 $1-\frac{x^2}{2}+O\left(x^4\right) = \mathrm{e}^{-x^2/2}$，

$O(x^4)$ 是误差，即当 x 足够小的时候，$e^{-x^2/2}$ 和 $\cos x$ 是几乎相等的。

为什么这个等式有用呢？因为当 n 足够大的时候，$\cos^n x \approx (e^{-x^2/2})^n = e^{-nx^2/2}$，即 $e^{-nx^2/2}$ 非常近似这个尖峰；当 x 在区间 $|x| \leqslant O\left(\frac{1}{\sqrt{n}}\right)$ 范围之外时，函数 $e^{-nx^2/2}$ 是极小的，因此 $n \to \infty$ 时，我们这样做所产生的误差是可以忽略不计的。更简单一些，让你的学生画出当 n 足够大时 $y = \cos^n x$ 和 $y = e^{-nx^2/2}$ 的图象。你会看到两个函数非常接近！（我希望这样！）在区间 $\left[-\frac{\pi}{2}, \frac{\pi}{2}\right]$ 这样做的效果更明显。当然，当 $x=2\pi$ 时，两个函数的近似程度就很糟糕了，但我们不需要那么大的区间。

关键是我们用 $\int_{-\pi/2}^{\pi/2} e^{-nx^2/2} dx$ 代替了 $\int_{-\pi/2}^{\pi/2} \cos^n x dx$，当 n 足够大时所产生的误差是可以忽略不计的。

但是，也许你会问，这有什么作用呢？我们还是不能算出积分 $\int_{-\pi/2}^{\pi/2} e^{-nx^2/2} dx$。现在聪明之举是把积分的值域扩展，变成 $\int_{-\infty}^{\infty} e^{-nx^2/2} dx$。它包含了更多的函数

$e^{-nx^2/2}$，但此时它极其微小，无足轻重！只有在尖峰附近的区域才是重要的。

现在，我们知道如何用极坐标的方法去求 $\int_{-\infty}^{\infty} e^{-nx^2/2}dx$。所以你能证明 $\int_{-\infty}^{\infty} e^{-nx^2/2}dx=\sqrt{2\pi}\frac{1}{\sqrt{n}}$。

由于只有尖峰才是重要的，因此，这里我们可以推导出：

$$\int_{-\pi/2}^{\pi/2} \cos^n x dx \sim \int_{-\pi/2}^{\pi/2} e^{-nx^2/2}dx \sim \int_{-\infty}^{\infty} e^{-nx^2/2}dx \approx \sqrt{2\pi}\frac{1}{\sqrt{n}}$$

只考虑图 9-2 中的一半：

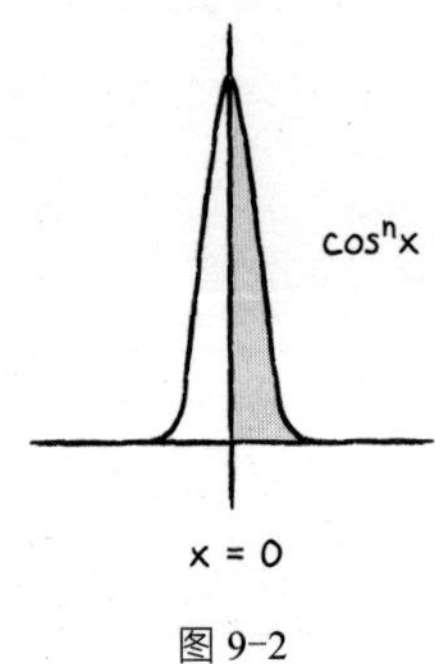

图 9-2

$$\int_0^{\pi/2}\cos^n x\mathrm{d}x \approx \frac{1}{2}\sqrt{2\pi}\frac{1}{\sqrt{n}}$$

$$\|$$

由几何得出 $\int_0^{\pi/2}\sin^n x\mathrm{d}x$（见图 9-3）。

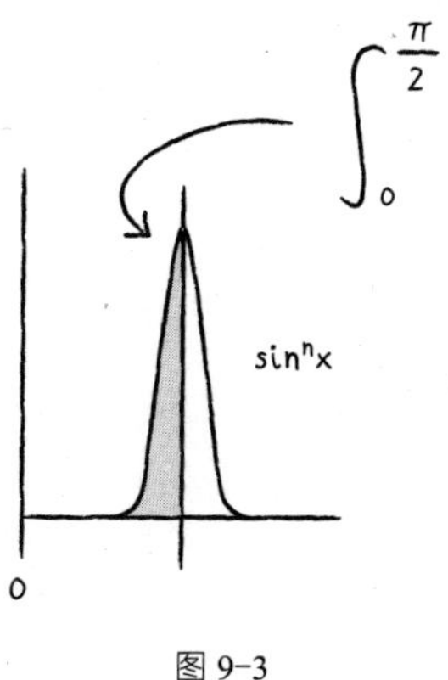

图 9-3

因此我相信当 n 足够大时，积分为：

$$\int_0^{\pi/2}\sin^n x\mathrm{d}x \approx \sqrt{\frac{\pi}{2}}\frac{1}{\sqrt{n}}$$

我们用计算机检验一下是否如此。

	$\int_0^{\pi/2} \sin^n dx$	$\sqrt{\frac{\pi}{2}}\frac{1}{\sqrt{n}}$
n=1	1	1.25
2	0.78	0.89
3	0.67	0.72
4	0.59	0.63
		（对小的 n 也没有错）
…		
99	0.125 6	0.126 0

最后一行的数字 0.125 6 和 0.126 0，它们只相差 0.3%，因此看上去一致性程度很好。请根据这个表制图。

不管怎样，现在很清楚：

当 $n \to \infty$时，$\frac{\int \sin^n x dx}{\int \sin^{n+1} x dx} \approx \sqrt{\frac{n+1}{n}} \to 1$ 。证毕。

更为简单的一点是：

$\sin^{n+1} x = \sin^n x \sin x$

$$\approx \sin^n x \quad \text{（因为在尖峰区域里} \sin x \approx 1\text{）}$$

因此，积分比为 1 就有道理了。

再会。

史蒂夫

1991 年 2 月 19 日

亲爱的史蒂夫：

你真了不起！今天收到你厚厚的来信，你提到尖峰的奇想令人激动，$\cos^n x \sim (e^{-x^2/2})^n$ 富有启示，还告诉我，傅里叶方法在 1989 年 3 月 14 日出版的那卷期刊里，这本期刊让我放错地方了（对于这一点我真是尴尬万分）。

我这些上多元微积分课的学生，将插上数学翅膀享受新的飞行之旅，谢谢你带着他们起飞（再次谢谢你！）。怕万一你没看到另一期《大观》杂志的“问玛莉莲”专栏，我会把它附上。这种反直觉的游戏表明，问题是不会那么容易就完结的。我不知道你是否认识塞斯·凯森，他可能是最后给玛莉莲写响应信的人。

自从圣诞节开始，我们家就因为杰夫的病而饱受煎熬。我 24 岁的小儿子杰夫接受了治疗癌症的手术，已经完成了三次化疗。今天，我们终于听到了鼓舞人心的消息，他的造血细胞恢复了正常。杰夫今天回家了，希望他不必再做第四次化疗。今天番红花也开了，也许好消息就要来了。

我现在忙于考试的事情，但冬季学期在星期五结束，所以有机会给自己充充电并好好钻研一下被我忘记的计算傅里叶系数的方法。我的确尝试用积分得出适当的系数，但不起作用。我有意先不看你的解释，希望神经元在最后一刻能兴奋起来（可能负责这个秘密的神经元已经死亡了）。

送上我诚挚的问候。

乔夫

1991 年 2 月 25 日，星期一

THE CALCULUS OF FRIENDSHIP

第 10 章

婚姻是种混沌

混沌的意思是，

即使系统按照明确的规则演进，

但是从长远角度来讲，

你仍然不能预测它将会怎样。

动力系统每时每刻都是按照明确的规则发生变化的。例如，钟摆的来回摆动是遵循牛顿运动定律和万有引力定律的。通过运用这些规则和微积分的方法，物理学家可以把每个时刻的变化相加，进而推断出钟摆在任意时刻的位置及其运动速度；同理，也可以得出行星绕太阳公转和火箭飞向月球的位置与速度。还有些科学家运用动力系统的方法来描述互联网的流量、野生动物种群数量的波动，以及人类心脏的跳动。

一直以来，一个隐含的假设是，动力系统的这种即时的可预测性意味着它们永远是可预测的，至少原则上如此。但现在我们知道这并不准确。

有些动力系统是混沌的。

这里所说的混沌并不是说杂乱无章。混沌的意思是，即使系统按照明确的规则演进，但是从长远角度来讲，你仍然不能预测它将会怎样。为什么不能呢？因为混沌系统极其敏感。任何微小、不受控制的干扰，譬如蝴蝶轻扇一下翅膀，效应就会迅速放大，使得系统的运行与原来完全不同。预测时所产生的误差会像滚雪球一样以成倍的速度增长，从而让预测变得毫无意义。但是对于这种现象我们束手无策。这个问题也不是能靠更先进的仪器、更认真的态度，或者等待出现更有效的数学方法就能解决的。混沌是现实无法回避的一部分。

这也给了科学家一记响亮的耳光。和普通人一样，科学家早就知道很多复杂的事情，如人际关系、战争、历史等都是无法预测的。令人欣慰的是，至少我们还能预测钟摆运动。但现在，混沌把这些也剥夺了。

不可预测的生活走向

麻省理工学院聘请我在应用数学系教混沌理论。很快我就开始撰写相关的教科书了，这让我有了可以逃避现实生活的避风港。我和伊丽莎白有意忽视那些危险的信号，我们在 1991 年 6 月结了婚。曾有一段时间我们的关系有所改善，但最终还是变成了平淡的友谊，虽然不是不可忍受，但苍白暗淡的婚姻不是我们的期望。对我来说，一周中最好的时光莫过于婚姻咨询过程中的分析讨论了，但伊丽莎白却认为那很乏味。她已经决定要离开了。我们填写了一些她从网上找到的法律表格，去找了法官，我们的婚姻就这样结束了。

夹在繁忙的工作与解体的家庭之间，我很少有时间给乔夫写信。1991 年秋天到 1995 年春天这段时间里，他给我写了七封信，我只回了两封。但我在这两封信和我的笔记中，都没有找到曾询问过他儿子罹患癌症的记录。现在回想起来，我真是太沉溺于自我了。

10 年前我曾写信给他，描述了我梦想的线性生活：有一天我会结婚，成为教授，幸福地度过一生。虽然前半部分已经失败了，但至少我还有工作。我热爱麻省理工学院，希望我可以在这里度过自己的职业生涯。问题是获得终身教职是很难的。很长时间以来，麻省理工学院的应用数学系都无人得到终身教职。最后一个获得终身教职的人还受到了老同事的讥讽：“你真走运，你根本不够格。”年轻的教授加盟，幻想他们会是幸运的那一个，但是几年以后还是会被解雇。我们知道自己面临着什么，可还是会沮丧。

尼克·特雷费森是一位才华横溢的数值分析专家，比我大几岁，他以为自己有机会获得终身职位。我们也都觉得这是可能的。由于感觉前景乐观，他甚至在列克星敦市买了一栋离父母家不远的房子，还把妻子和孩子都接了过来。但任命下来时，他却发现学校根本不会给他终身职位（现在他是牛津大学教授，英国皇家学会会员）。

轮到我时，系里想要晋升我为有任职期限的副教授，这是向上爬的第二步。几个星期后，我收到了一封信，白色的信封上印着“机密”的字样，打开后是一张白纸，没有抬头，只有两段文字，第一段是通知我升迁了，第二段内容如下：

> 鉴于你目前的数学研究成果的数量还不够，你在麻省理工学院晋升终身教授的机会不大。当然，这种评价也可能因为你以后出色的研究工作而改变。然而基于你目前的工作情况，我们有必要告知你，你获得终身教职的前景渺茫。

面对这样低的概率，我开始向其他顶尖的机构申请工作职位，希望得到那里的工作邀请以改变麻省理工学院的决定。康奈尔大学可以说是全美混沌理论研究最强的学校了，那里决定提前两年给我终身教职。这引起了麻省理工的注意，于是麻省理工学院又给我做了一次非正式评估。他们建议我认真考虑康奈尔大学的邀请，同时也表示希望我留下并鼓励我努力尝试“全垒打”（他们惯用的语句），这样的话，两年后我也许可以拿到终身职位。

我因为这件事很苦闷。我最担心的是，如果我离开这里，我能找到结婚对象吗？伊萨卡岛上的年轻教授的社交前景看起来是那么惨淡。

我给我哥哥艾安打电话。“史蒂夫，这不是一个艰难的决定啊！”他说，“康奈尔大学是一个很棒的学校，他们给你的待遇极好。别担心，伊萨卡岛上有的是女人，你会喜欢那里的。”

无穷乘积后柳暗花明

当我终于和乔夫恢复通信时，已经是 1995 年的春天，我到康奈尔大学也有一年了。我对自己离婚和在麻省理工学院发生的事情只字未提，直接开始讨论关于无穷乘积的计算问题。但在封上信封之前，我意识到乔夫可能会感到奇怪：我现在怎么会在康奈尔大学给他写信呢。所以我在后面附上了一个简短的说明。

亲爱的乔夫：

我们总算恢复通信了（确实是久违了）。这里有个无穷乘积的公式，你可能会感兴趣。这是三角恒等式 $\sin 2x=2\cos x\sin x$ 和极限公式 $\frac{\sin x}{x}\to 1$，$x\to 0$ 的很好应用。

假设我们从“半角公式”开始：

$$\sin x = 2\sin\frac{x}{2}\cos\frac{x}{2}$$

（要得到这个公式，用 $\frac{x}{2}$ 代替上面恒等式中的 x 就可以了。）我们突然变得贪心了，决定把这个公式

用到右边的因子 $\sin\frac{x}{2}$ 上。同样道理可以得到：

$$\sin\frac{x}{2}=2\sin\frac{x}{4}\cos\frac{x}{4}$$

因此在代换之后，有：

$$\begin{aligned}\sin x&=2\sin\frac{x}{2}\cos\frac{x}{2}\\&=2\left(2\sin\frac{x}{4}\cos\frac{x}{4}\right)\cos\frac{x}{2}\\&=\left(4\sin\frac{x}{4}\right)\left(\cos\frac{x}{2}\cos\frac{x}{4}\right)\end{aligned}$$

继续这样代换，用 $\sin\frac{x}{4}=2\sin\frac{x}{8}\cos\frac{x}{8}$，可以得到：

$$\sin x=8\sin\frac{x}{8}\left(\cos\frac{x}{2}\cos\frac{x}{4}\cos\frac{x}{8}\right)$$

真令人着迷！就这样做下去，可以有：

$$\sin\frac{x}{2^{n-1}}=2\sin\frac{x}{2^{n}}\cos\frac{x}{2^{n}}$$

你看到这个模式了吧，如果我们继续这样做，可以导出这样的公式：

$$\sin x = 2^n \sin\frac{x}{2^n}\prod_{k=1}^{n}\cos\frac{x}{2^k}$$

（就像 $\sum$ 代表“和”一样，$\prod$ 是乘积的标志。）当 $n \to \infty$ 时会怎么样呢？当 x 不变时，$\sin\frac{x}{2^n}$ 中的 $\frac{x}{2^n}$，会趋近于 0。这启发我们把上面框里的等式两边均除以 x，得到：

$$\frac{\sin x}{x} = \underbrace{\frac{2^n}{x}\sin\frac{x}{2^n}}\prod_{k=1}^{n}\cos\frac{x}{2^k}$$

标了下括号的项是 $\frac{\sin u}{u}$ 的形式，这里 $u=\frac{x}{2^n}$，当 $n \to \infty$ 时，$u \to 0$ 和 $\frac{\sin u}{u} \to 1$。因此：

$$\frac{\sin x}{x} = \prod_{k=1}^{\infty}\cos\frac{x}{2^k}$$

（求导证明这个公式适用于所有的 x 值）这就是

我们所期望的无穷乘积了!

为了更好玩儿，您应该检验一下 $x=\frac{\pi}{2}$:

$$\frac{\sin\frac{\pi}{2}}{\frac{\pi}{2}}=\frac{2}{\pi}=\prod_{k=1}^{\infty}\cos\frac{\pi}{2^{k+1}}$$

为这些余弦找到公式:

注意 $\cos\frac{\pi}{4}=\frac{\sqrt{2}}{2}$，现在计算 $\cos\frac{\pi}{8}$:

$$2\cos^2\frac{\pi}{8}-1=\cos\frac{\pi}{4}$$

即 $\cos\frac{\pi}{8}=\sqrt{\frac{1+\cos\frac{\pi}{4}}{2}}=\sqrt{\frac{1+\frac{\sqrt{2}}{2}}{2}}=\frac{\sqrt{2+\sqrt{2}}}{2}$

观察这个模式:

$$\cos\frac{\pi}{4}=\frac{\sqrt{2}}{2}$$

第 10 章
婚姻是种混沌

$$\cos\frac{\pi}{8}=\frac{\sqrt{2+\sqrt{2}}}{2}$$

你可以用 $\cos\frac{\pi}{16}=\sqrt{\frac{1+\cos\frac{\pi}{8}}{2}}$ 证明 $\cos\frac{\pi}{16}=\frac{\sqrt{2+\sqrt{2+\sqrt{2}}}}{2}$，依此类推。这个结果是仅根据 2 和平方根就能得到的 $\pi\left(\text{实际上是}\frac{1}{\pi}\right)$的公式。最终的公式是这样的：

$$\frac{2}{\pi}=\cos\frac{\pi}{4}\cos\frac{\pi}{8}\cos\frac{\pi}{16}\cdots$$

$$=\frac{\sqrt{2}}{2}\times\frac{\sqrt{2+\sqrt{2}}}{2}\times\frac{\sqrt{2+\sqrt{2+\sqrt{2}}}}{2}\cdots$$

到此为止。

希望您一切都好，我在康奈尔的生活挺好的（等一下！我还没有告诉您，我是怎么来到这里的吧！康奈尔大学提前两年给了我终身职位，我无法抗拒这么诱人的待遇）。我已经渐渐摆脱了过去 12 年里在波士顿、剑桥度过的那种紧张忙碌的生活。伊萨卡有它独特的魅力。我很喜欢这里的同事和学生。

祝愿您一切都好。

最热切的问候。

史蒂夫

1995 年 3 月 21 日

我的新联系方式：

伊萨卡金博尔镇康奈尔大学应用数学系

邮编：NY14853

工作电话：607-255-5999

住宅电话：607-255-5911

他告别了教育生涯

1999 年 4 月 22 日，在纽约市的圣约翰大教堂举行了一场隆重的“教育庆典”，我受邀在大会上为乔夫致贺词。

100 多位校友、教职员工、家长和朋友齐聚一堂，庆祝和表彰乔夫的教育生涯。

对于乔夫来说，此刻他一定百感交集。每年春季，他都在考虑是否续约，不过答案一直都是肯定的。如他信中所说："每次我跨进教室的时候，我都热情高涨、激情满怀，哪个老师不想这样呢？"

但是如今，在 49 年的辛勤工作之后，乔夫创下了学校的纪录，他已经准备好要退休了。

卡罗尔的陪伴使我能够轻松自如地参加这个庆典。我们在 1997 年相识，彼此一见钟情，于 1998 年结婚。那一天我们和乔夫及其夫人苏，一起坐在主宾席上，大家相谈甚欢，共同享受着美味佳肴。

乔夫应该很愉快，可能也会有一点局促不安，但还不至于影响他上台讲话。

我的心情并不轻松。回忆像洪水一样汹涌而来，我想起在学校餐厅那次庆祝会上，我因为控制不住情绪而未能完成演讲。那一次我没有做好充分的准备。这一次，我采取了新策略：我从乔夫以前的学生那里收集了很多关于他的逸闻趣事，我准备照着稿子念，不再天马行空。希望在自然状态下不管我忘记说什么，也能恢复镇定。

我和我的老师

一切进展顺利。“我的心斟满了爱……这将是我职业生涯的巅峰。”乔夫在几天后的信里这样写道。他的致谢函热情洋溢，不只表达他的谢意，还讲了他当橄榄球教练时队里的重量级投球手的故事、他参加演奏的爵士音乐会，等等。另外，尽管他尽量装作若无其事，可他还是承认对即将到来的退休生活感到忧虑。

有一天，我惊讶地发现数学部把我列在了最高数学奖的名单里。所有这些幸运都令我感到不安。在卫斯理安学院，我读到席勒写的《波利克拉特斯的戒指》(*The Ring of Polykrates*)。宝利克莱特的国王每天收到的都是好消息：战争胜利、国土扩张……巫师一直留意国王的好运气，建议他放弃自己拥有的最宝贵的物品，于是国王就将戒指扔进了海里。巫师感到如释重负。第二天，奴仆们为国王准备晚餐，他们在把鱼切成薄片的时候发现了那枚戒指。巫师脸色都变白了，他向国王辞行，一去不回。

虽然诸神为我安排了一些不那么有趣的事情，但我还不至于迷信到要把最宝贵的财产扔到海里去。而且，苏也不喜欢在水温只有 10 摄氏度时，到长岛海湾里游泳。

THE CALCULUS OF FRIENDSHIP

第 11 章

直线的路径并不是最快的

我知道你永远不会被这样的问题困扰。你能理解一个 72 岁的老人对“丧失”的在意，以及对衰老和阿尔茨海默病的担心吗？

在乔夫恢复与我通信后，他是以这句话作为开场白的：“离开数学教学第一线，是一件不容易的事。”

在接下来的几年里，他不断地给我写信，上一封信我还没回复，下一封信就又来了。他自己设计数学问题并给我看他的解答方法，和我做他的学生时所做的一样。他在信里描写自然、告诉我假期旅行的见闻，还向我介绍他的新朋友，那些人我从未见过或听说过。

大女儿的出生让我手忙脚乱，因此我基本保持沉默，没有回信。接着二女儿又出生了。睡眠总是不足，因为我要给卡罗尔帮忙，要写书，还要处理学校里的一些杂事。我快撑不住了。

他觉察到我可能发生了什么事，开始在信里道歉。在推导出一只鸟站在地球表面，看到的表面积是它的高度的函数后，他写道：

> 史蒂夫，希望我没给你带来负担。我非常珍惜过去这些年我们之间的通信，我舍不得就这样中断。而且我也不想让你误以为，这些日子我都是在长岛海湾的皮划艇上度过的。

在另外一封信中，在试图画一个能适用于科赫雪花曲线的四面体分形表面之后，他写道：

> 我知道你永远不会被这样的问题困扰。我给你看我的推理过程，只是想让你帮我把把关并检查一下我的计算结果。你能理解一个 72 岁的老人对“丧失”的在意，以及对衰老和阿尔茨海默病的担心吗？

内心的愧疚让我不能自持。我采取了一个折中的办法，但这让我感觉更加糟糕：

> 我早该给您回信的，但是由于莉娅太小，我睡眠不足，以及学校的琐事太多，所以未能及时给您回信。我知道这些理由很牵强。随信附上最近我正在教授的关于贝叶斯公式的教案……

最速降线轨迹

但是信件还是汹涌而来。乔夫不想让我为难，但他也无法停止写信。“已经很好了！”他在另一封信的结尾写道，“不要觉得必须回信。你只要知道给你写信对我来说是一个非常特别的时刻就好了。”

下一封信表明，对乔夫来说，要脱离过去的生活有多么困难。他给我讲了遇到一位心地善良的女服务生，并给她讲解变分法中的一个经典问题——最速降线轨迹的事。

第11章
直线的路径并不是最快的

这个问题的大意是这样的：

> A 和 B 是同一个垂直面上的两点。假设你想用最佳的降落路径把它们连接起来，你的目标是设计出一条降落路径，让一个不计摩擦力的粒子从 A 以最短的时间滑落到 B。

你可能认为应该用一条直线把它们连接起来（见图 11-1）。

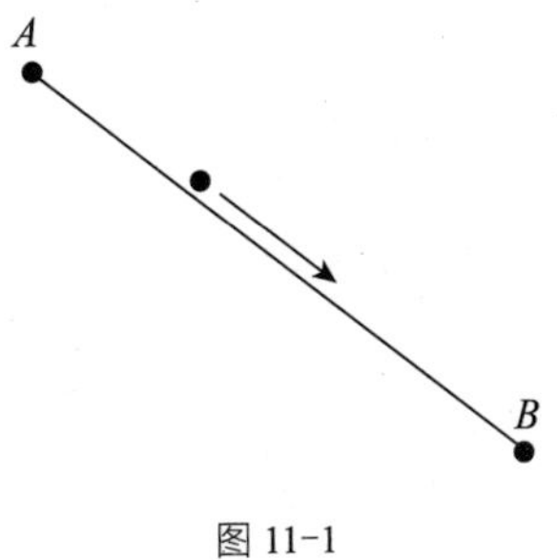

图 11-1

因为两点之间直线最短。可是如果让降落开始时的路径陡峭一些也许更好，因为这样粒子可以加速，增加的速度可以弥补增长的距离（见图 11-2）。

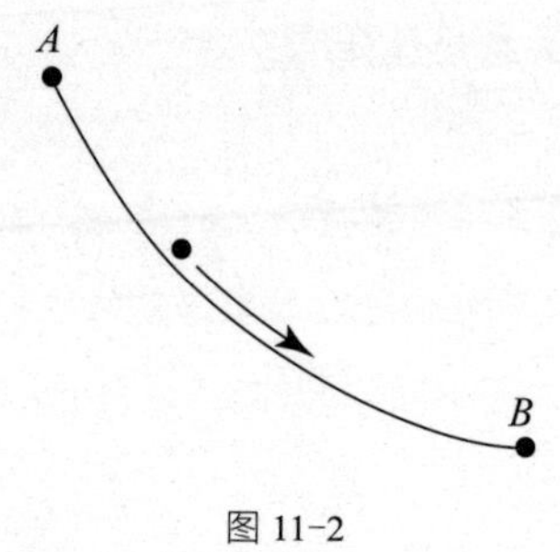

图 11-2

如果是这样的话，曲线路径的形状会是什么样的呢？

答案是倒置摆线。在自行车车轮上绑上一个发光的小灯泡，让人夜晚骑着它沿着一条漆黑的道路前行，你盯着灯泡所看到的上上下下的轨迹就是倒置的摆线了（见图 11-3）。

图 11-3

这个摆线还有另一个有趣的特点。它除了是“最速降线”外（时间最短的路径），还是一个“等时曲线”——时间相等的路径。等时曲线的意思就是如果在倒置摆线上把一个粒子从静止状态释放出去，无论你释放的时候，它处在什么位置，粒子滑落到底部的时间都是相等的。如果你释放的位置高一些，粒子滑得就远一些，但它的速度也变得更快——这正好弥补了增加的距离。想象一下，两个在不同位置释放的粒子比赛的结果，总是相同的：平局。两个粒子总是同时到达底部的终点线。

亲爱的史蒂夫：

昨天我和苏一起去看了我们位于西山池塘边的房子，虽然是 1 月，但是这里也没有积雪，而且池塘里 80% 的水都没有结冰……只是北边有一些薄冰。苏决定不划独木舟了！这对我们来说还是第一次，而且整个湖都将属于我们。

放下木柴并引燃后，我们开车去了曼彻斯特庆祝女婿吉恩的生日，在意大利通心粉烤肉店共享了晚餐。这是我最喜欢的餐馆，因为他们的餐桌上铺着纸桌布，服务生用蜡笔签收（他们龙飞凤舞的签字让顾客眼花缭乱）。

那天晚上，我得到一只蜡笔，在一杯基安蒂酒的刺激下，决定用微积分解决、证明等时曲线的问题。哈！多亏了你，我才能检验在退休三年之后是不是还记得微积分。一个女服务生看到我的桌布上写满了数学证明，她非常感兴趣。我给她简单讲了一下最速降线问题，她坦承如果是她就选直线路径。我问她有没有尝试过速降滑雪，在得到了肯定的答复后，我让她想象自己站在山上时，正好看到一个帅哥从缆车上下来，正要沿着一个线性斜坡往山下滑，此时，是不是应该选择一条倒置的摆线滑下去呢？这样她就能比帅哥更先到达坡底，还可能在返回时与他共乘一部缆车。

在白天明亮的光线下，我再看我的推导过程，发现有些瑕疵。我把常数 $\sqrt{a/g}$ 给丢了，它应该在积分外的。对了，当我讲到选择极限 $\int_{\theta_0}^{\pi}$ 时，θ_0 可以从积分中去掉的令人激动之处，那位女服务生会心地笑了。

祝你、卡罗尔和莉娅幸福。

乔夫

2002 年 1 月 7 日，星期一凌晨

生活处处有难题

乔夫总能从周围世界里获得灵感并进行创造。他开始用彩笔画一些动物、植物和人物的插图来装饰他的来信。他还编了一些与看到的鸟或者正在建造的船屋有关的数学题。在下一封信里，他提到了听众在《话说汽车》的广播电台栏目中提出的一个问题，即如何给圆柱体的水箱标记刻度。

亲爱的史蒂夫：

一个朋友告诉我，他与两个汽车修理工一起收听了广播电台的一个节目（就是那个用“15 条电线标志公路的十字路口”问题向我们挑战的节目）。有人打电话询问，怎样给圆柱体水箱画刻度（见图 11-4）。

答复是“那是一个微积分问题”。

图 11-4

我着手想找一个不用微积分就能解决这个问题的方法，结果想到一个运用微积分的预备知识，借助一个简单的计算器就可行的方法（不用画图，也不用计算）。这个冒险的解题方法，可以回溯到以前教过的内容，非常有趣。我给你看看我的方法，供你消遣。

图 11-5 中 S 部分的面积是 $\frac{R^2}{2}(\theta-\sin\theta)$ …我喜欢这种简洁的公式，它带有一种简单的优雅。这要归功于弧度法。

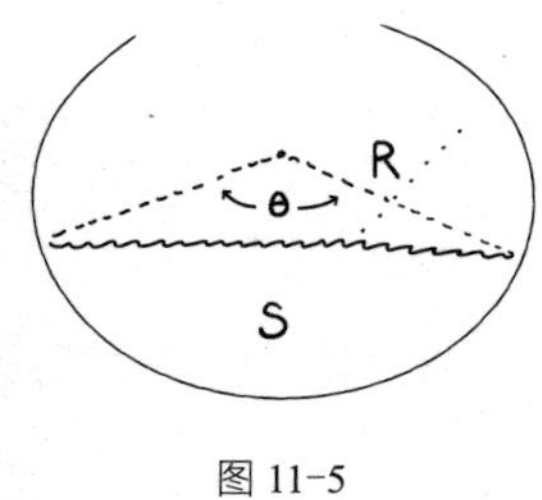

图 11-5

当水箱装满 $\frac{1}{4}$ 的水时，$S=\frac{\pi R^2}{4}$，因此 $\theta-\sin\theta=\frac{\pi}{2}$，或者：

$$\theta-\frac{\pi}{2}=\sin\theta$$

$$\theta-\frac{\pi}{2}=\cos\left(\frac{\pi}{2}-\theta\right)=\cos\left(\theta-\frac{\pi}{2}\right)$$

令 $x=\theta-\frac{\pi}{2}$，就得出 $x=\cos x$（见图 11-6）。

我拿起计算器，利用不动点法得到一个近似的答案。

我猜 0.7 是一个不错的种子数，输入 0.7，然后反复按 cos 键，直到计算器得出的数集中在 0.739 085 1。

所以$\theta = x + \frac{\pi}{2} \approx 2.309\,881\,4$。

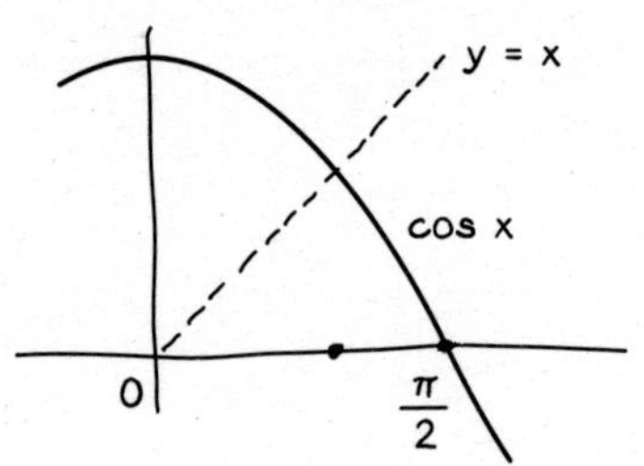

图 11-6

最终结果（见图 11-7）：

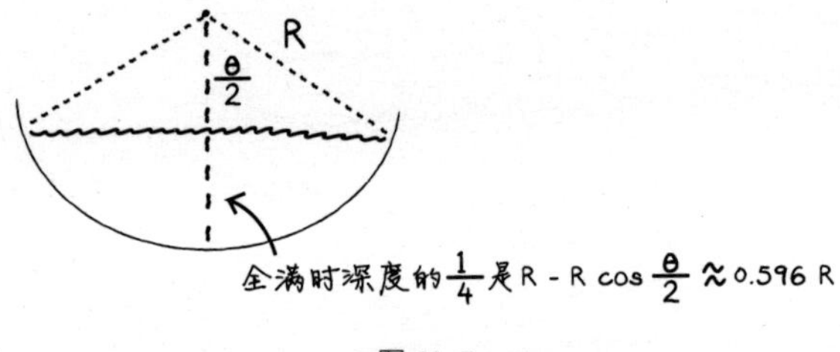

图 11-7

希望水箱的主人能接受我画刻度的方法（见图 11-8）。

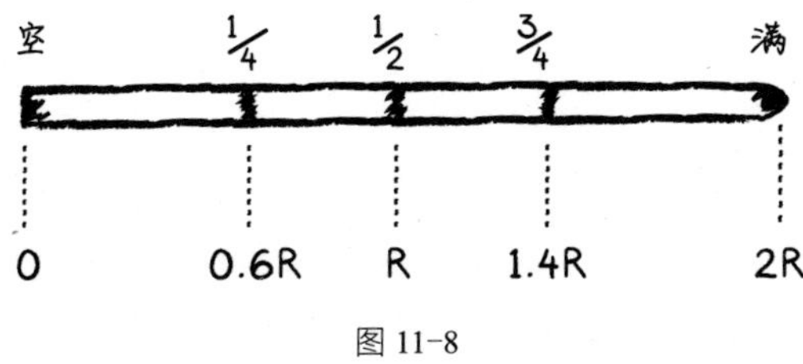

图 11-8

题外话：我画人物插图时太匆忙了，我想我犯了个小错误。如果那家伙还没有聪明到用小棍儿画刻度，那么他把左手的手套戴在右手上还是可以原谅的。别问他是怎么握住小棍儿的。

我一直在我的工作室里摆弄圣诞精灵和制作礼物。就在此刻我还在为我儿子雷克斯和他的儿子杰西制作一套蝙蝠屋的组装部件。将这些部件按颜色分类，钉眼全都预先钻好，这对才上二年级的杰西来说，组装时会轻松不少。

我刚刚为埃莉的信箱喷了彩绘。她是和我们住在同一条街上的单身女士。她想换一个大点儿的信箱。我在上面画上当地的植物好呢，还是动物好呢？我想画镜冠秋沙鸭，因为我们上星期刚买了一对放在湿地的池塘里。埃莉则想要一只公鸭和一只母鸡，一边画一只。我服从了，画了好几天，还用了一个小时来安装（要拆掉旧支架很不容易，因为上面的螺丝已经生锈了）。我自豪地看着自己的作品。最值得一提的是，装好后的第一晚就下了一场大暴雨，但我用丙烯酸涂料画的画却依然亮丽。

制作花环花了我很多时间，我又给位于卢米斯的家制作了一个巨大的花环（1.5 米高）。现在，在我们居住的地方，制作花环已经成了一种传统。花环把正门入口的两扇门全挡住了，居民出入都得走侧门。

冬天里划皮划艇让我可以享受独处的宁静，可以经常倾听河水涨潮时的声音，以及湿地里小溪的潺潺流水声。没有了那些只在好天气划船的人，这里只有我和鸭子、苍鹭、老鹰、海鸥、天鹅……以及从佩恩的灰色天空里飘落的雪花。

我和苏给你、卡罗尔、莉娅和乔安娜送上节日的祝福，祝你们在 2003 年的 365 天里天天快乐！

乔夫

2002 年 12 月 14 日

第 12 章

人生就是相变转折的集合

我做好了思想准备，

无论发生什么，我都可以接受。

我告诉自己，我要第一次睁开双眼，

好好看看乔夫的生活，

耐心地听他说话。

变化在强度和可预测的程度上是不同的，相应地就有不同的数学方法来加以解决。

在系统最温和的一端，有序的变化是遵循运动定律、可以用微分方程描述的。想一下围绕太阳转的行星和小溪里漩涡的运动，微积分是解决这类问题的基本方法，它就是为解决按明确规则演进的系统而生的。

在相反的一端，则是无理性的变化，包括那种对系统无意义的撞击，以及与系统本身毫无逻辑关联的外部事件。撞上地球的小行星和恐龙灭绝就是这类变化的例证。地球生态系统的逻辑，此刻变得无关紧要。微积分对这种情况无能为力。没有任何一种数学方法能预测这些变化。通过枚举偶然事件的统计数字，概率论竭尽全力去预测，但一旦处于具体情境，它的预测效力还是非常有限的。

处于两端之间的系统则有些似是而非，遵循规则而又暗含破坏规则的种子。它们具有突变的潜能，只是这种突变尚处于休眠状态。我们只需要一点儿外力，通常是不易觉察的力量，就可以让它们越过边界。谈到转折点，相变就是一个，是压垮骆驼的最后一根稻草。这种转变既令人惊讶又合乎情理。

分歧理论就是解决与这些现象有关的数学。正如这个术语所表示的，“分歧”就是一种分裂，有很多交叉的可能性。更精确地说，分歧是在动力系统中，随着一些参数不断变化而发生的质变。这里进行对比，意在突出它的含义：条件（即参数）的变化是连续的，而由此导致的行为变化是不连续的。比如烧水时，你逐渐把火开大，在达到沸点之前，看不出什么变化；达到沸点时，水就开了。

生老病死，我们都避不开

乔夫不断来信，一个月一封，有时是两封，以至我都无暇阅读他的信件，它们都堆在我办公桌的边上，每个信封上都是熟悉的字体。直到有一天，我收到了一封信，信封上的字歪歪扭扭。

亲爱的史蒂夫:

唉！我星期四中午轻度中风了，右手失去了所有知觉。几个小时之后，我想动动手指，试着握拳看看能不能使上劲儿，可是我的手不听使唤了！没人需要独臂钢琴手，所以我明天不能参加爵士四重奏的演出了。

我刚刚换完新的钛合金的膝盖，正在努力学习控制每根手指。有点儿进展，但是中指和无名指妨碍了我的进步。练习弹钢琴有帮助，但还是令人沮丧。

我在冬天也能照常划皮划艇，只要这股寒流过去就行了。现在小盐水湾结的冰太厚，我的皮划艇无法通过。

上个星期，我在划皮划艇时，寒冷的冰水让我的皮划艇行进的速度“慢”了下来。我想到了雷诺数，就去翻看以前的物理书，并试图把复杂的分数单位化成不受维度影响的数。

这让我可以摆脱固体的黏度、压力和张力等问题，回到液体部分，以及泊肃叶方程……

我遇到了更多的物理问题，这次与摩擦力有关。在高尔夫球场堆放的废弃物里，我发现了几根对我有用的长达 2.5 米的木桩。我拖着头两根木桩费力地穿过树林，这片树林有一段上坡路，路上铺满了鹅卵石。那天晚上，我想到一个主意，用我常用来拖皮划艇的山地自行车，把木桩拖到高尔夫球场的边上，这段路很长。然后再通过一片树林就到了我们的小仓库。在近 7 厘米厚的雪地上，来回拖行了几次后，我发现当木桩的大部分重量都落在自行车后轮上，并且木桩的尾部拖在雪地上时，摩擦力最小。

现在是晚上了。中午，我骑自行车去察看寒流是不是已经把皮划艇通向开阔水域的入口给冻上了。我想骑车穿过农场小路去海边，但自行车在被雪覆盖的冰上打滑了，我从车上摔了下来。幸运的是我从左侧（健康的那侧）安全下了车。我经常撞到肩膀，苏和我的儿子更希望我是那种手里拿本好书，坐在壁炉旁休闲的人。这看起来像是一个合理的诉求。

今天有一个好消息：我自己发明的康复训练——弹钢琴，产生了令人鼓舞的效果。写信的时候，我发现自己握笔的姿势越来越自如了。

我正在看有关麦哲伦环游世界的书（当时没有航海图，也不知道所处的经度），这是一本引人入胜并受到广泛关注的书。读小学时，老师根本没有给我们讲航海过程中的艰辛。沙克尔顿在南极探险时，他至少知道自己在哪里。麦哲伦那本书叫《处在世界的边缘》。幸好我不是麦哲伦船队上的水手。

愿你、卡罗尔、莉娅和乔安娜一切都好。苏和我正盼着去她位于考艾岛的哈纳莱依湾的家乡，以躲避康涅狄格州寒冷的冬天。

最美好的祝愿。

乔夫
2004 年 1 月 17 日，星期六

关于乔夫中风的事情，我既没有给他回信，也没有打电话问候。

第12章
人生就是相变转折的集合

我可能筋疲力尽了吧。我的父亲在几个月前，2003年11月去世了。他的病情不断恶化，我很难过。在医院病床上的他，显得那么瘦小，他的嘴唇很干，总是需要更多的冰块保湿，他的眼睛不再聚焦，还插着令人难堪的喂食管。他是一个不善言辞的人，她深爱着我的母亲，他们在一起时，总是我母亲一直滔滔不绝。

我不知道我没有给乔夫回信，是不是与这些有关。但最终我还是联系了他，是另外一些事情使我们再次取得了联系。

2004年4月，我的哥哥艾安，他才57岁，在一天晚上突然去世了。和我母亲一样：胃痛，送去急诊室，然后去世了。

乔夫一听说这件事，就给我寄来了一张吊唁信。需要强调的是我从未对他做过同样的事。该轮到我改变了。

亲爱的史蒂夫：

我收到了一封从卢米斯寄来的信，信中说你哥哥艾安去世了。我和苏为此感到难过。我现在记忆力不太好，但是我想知道，在波金霍尔先生和我当足球队教练时，艾安是不是在球队里踢过球。我记得负责后场指导时，波金霍尔先生喊过一个叫“艾安”的球员，但这种孤立的回忆可能并不准确。不管怎样，请记住我们全家人对你深表同情，这不仅是你们家的损失，也是卢米斯毕业生的损失。

虽然从卢米斯退休了，但还是念念不忘。我总是做上课的铃声都响了，却还在找教室的梦！

代我问候卡罗尔、莉娅、乔安娜。

乔夫

2004 年 4 月 19 日，星期一

看完乔夫的信，我马上打电话给他。

“嗨？”

“嗨，乔夫，我是史蒂夫・斯托加茨。”

“噢，史蒂夫。”当他叫我的名字时，声音变得很悲伤。

在谢过他对艾安的吊唁后，我询问了他中风的事。“是轻度的。”他说。他那时一直在外面铲雪，铲完后，就进屋坐下了。十分钟后，他感觉有什么东西爆了，“像打嗝声”。他的右手像在沉睡，没有一点儿反应。苏带他去看医生，医生告诉乔夫，他心脏肥大（“经过多年运动后，还能期望什么呢？”他轻笑着回答），还有高血压，并且心脏瓣膜关闭不全（“我的皮划艇没有哪艘是不漏的”）。

然后，他把话题转移到了我们经常讨论的数学问题上。假设你把 100 根意大利面条放到锅里煮，如果随机地把两根面条系在一起，直到没有散开的面条，会形成多少个面条圈呢？乔夫又笑了起来，他说这是以前的一个学生提出的问题，因为答不上来，所以他一直耿耿于怀。

谈话快结束时，某种力量让我开口问他，能否在夏天的某个时候去他家里拜访他。我说，我们经常在 8 月去看卡罗尔的母亲，开车往返很方便。这个提议让乔夫非常开心。

30 年后，我才走近他的生活

2004 年 8 月 17 日清晨，我带着袖珍录音机，怀着忐忑不安的心情，驾车向北开出了纽约市，上了 95 号公路，直奔老莱姆。几天前，我问乔夫能否谈论一些以前从未谈过的私事。他同意了，似乎有点勉强，但他还是同意了。他说，好的。

我有那么多想问而没问的事情，杰夫的癌症、马歇尔的去世。

我做好了思想准备，无论发生什么，我都可以接受。很明显，至今为止我都是按自己头脑里的方式生活的。真的，基本如此。但今天，我告诉自己，我要第一次睁开双眼，好好看看乔夫的生活，耐心地听他说话。

开了两个多小时的车后，我在 70 号出口下了高速路，靠导航系统的帮助，向乔夫家所在的街道开去。那是一条死胡同，左边有五栋房子，全都坐落在一个小山丘上。右边是一片沼泽地，湿地上架着木桩，上面有几十个鸟笼，每一个都标记了号码，如 $\sqrt{e}$ 、π，还有其他有意思的常量。

在街道边把车停好后，我沿着街道往前走，听到从房间里传来柔和的钢琴声，房门虚掩着。“有人在家吗？”钢琴声戛然而止。苏和乔夫和我问好，他们两个都是棕褐色皮肤，75 岁了还显得那么年轻。我轻吻了苏的脸颊，又和乔夫拥抱，互相拍了拍肩膀。

苏带我参观了他们的房子。我注意到有一面墙上挂满了照片，我感到呼吸急促。尽管我没有看那些照片，我觉得自己开始说不出话——我想那是他们三个儿子及家人的照片。苏领着我上楼，去她的画室看她的作品，绝大多数是静物画。下楼时，我们经过的墙上也挂满了家庭照，我没细看。

乔夫把我带到位于地下室的工作室。独木舟、皮划艇、挂在墙上的冲浪帆板，地板上堆了些煤渣。散发的是汽油味还是发霉味？这气味让我想到了童年的作坊。乔夫说他只有些简单的工具：一把带锯、一个钻床，还有另一种什么锯子，反正不是旋转锯。“我要旋转锯干吗呢？”他微笑着说道。他对那扇窗户非常满意，因为从那里可以看到沼泽地，光线充足。他给我讲了有关 $\sqrt{e}$ 鸟笼的故事，还有春天沼泽地因洪水而升高后他划着皮划艇去修理巢箱的事。

下一个目的地是门廊。我们坐在太阳伞下享受午餐：冷盘、各种面包、樱桃派和香草冰激凌。

在我们谈话的最后，我拿出了袖珍录音机。乔夫开始慢慢翻阅自己的笔记，上面记录了他受户外活动启发而提出的数学问题。我们一页一页地翻阅着，看他画的鸟，那些鸟是他在家或是夏威夷看到的。接着又给我讲了很多关于他朋友汉克——一位鸟类专家的故事。

我在想，就这样持续下去吗？我开始思想斗争，终于控制住自己的急躁情绪。这些事对他很重要，所以我决定尽力耐心听他讲述。

终于，我们开始谈杰夫了，杰夫的理想是长大后成为一名工程师。但刚过 20 岁就被查出患上了睾丸癌，通过手术和化疗与病魔抗争，效果很好。之后他还上了电视，新闻里播出了他从山上单板滑雪而下的镜头，说他战胜了睾丸癌。听到他奇迹般的康复，我如释重负，终于不用因自己长期的麻木不仁而感到内疚了。

平静了一下后，我问起了马歇尔。我一直在寻找合适的时机。终于脱口而出。

“我想我们从未谈论过马歇尔，我想谈……可是我……我并不真正了解他……他……据我所知他年纪轻轻就去世了，而我……他发生了什么事呢？”

“哦，我们，你知道，有些事情我们真的不……”

“你是不是不想谈论这件事情？”

“啊，这个，有些悲伤……他，他有……”

“我记得他是一个明星……”

我们有点儿话不投机。我走得太远了。我有点慌乱，想转移话题。可就在此时，乔夫出人意料地往下说了。

“他度过了精彩的 27 年人生。他去了曼尼斯。他开始时在阿姆赫斯特，但音乐成了他生活的重心。他对钢琴感兴趣，所以，他去了曼尼斯……”

“……是所音乐学院？”

“是啊！它在茱丽亚音乐学院附近。虽然不是茱丽亚，但它是马歇尔能够考上的学校。而且，他喜欢那里。他在那儿有一间小公寓。我们经常去看他。呃，然后……他得了这个病，最终被病魔击垮了。”

我们静静地坐着。

“真让人伤心……甚至，甚至在日渐虚弱的时候，他也经常通宵达旦地弹钢琴，因此……房间里总是充满美妙的音乐。他还打算在新英格兰音乐学院找一份工作，做了很多诸如此类的计划。但是命运对他不公。可至少，我知道他在 27 年的人生中做了很多有趣的事……这是许多人做不到的。 我是说，在卢米斯，学校剧场里上演的每部音乐作品中，他都是主角。他在杰米·鲁根的牧歌中演唱。他也自己作曲——一天我翻看这些文件时发现，他作了一首宗教乐曲，还录了音。”

“他有宗教信仰吗？”我问。

“嗯……”

“是真的信吗？”

“嗯，呃，我想他是有宗教信仰的。我想，他可能感到与另一世界的人亲近。”

乔夫沉默了。我们静静地坐着，看着窗外的盐碱地。

“所以，我想，那是件好事，他走得很安详……呃，我们怀念他。他到处旅行。他的一个朋友说：‘嗨，我刚赢得了去以色列的票，你想去吗？我有两张票。’于是，他就去了。因此，他……他度过了愉快的时光。”

我们两个都没说话。

“他小时候是男孩唱诗班的一员，刚开始时他声音很小。在哈特福德的教堂时，他已经是合唱团的领唱了，他们受伦敦著名的威斯敏斯特大教堂邀请，在那里唱了一个夏天。我一直很佩服他的自律。他的生活多姿多彩。他很像学者。当时苏正在卫斯理安学院攻读硕士学位，经常打电话给马歇尔，向他请教问题。他曾经忙于研究一些鲜为人知的作曲家，他简直就是一个信息储存室。他这种才能让我羡慕，每当他在家时，我们就围坐在钢琴旁，玩儿同样的游戏。他会说：'好吧，我们做什么？'我就拿出科尔·波特的歌本随便翻到一页，他以前从未看过的歌，他能不加预习就即兴演奏，同时还能和我们一起唱。我就想：'上帝，这家伙有多个感觉通道，真希望我也能有这样的才能！'"

不久，谈话的主题又回到了轻松的话题和微积分问题上。

过了一会儿，乔夫问我想不想到海边游泳，或者就在海滩上走走。我们找了一个环境好的沙滩，开始讨论他以前学生写信问他的一个微积分问题。这是一个与波有关的问题，需要用傅里叶积分来解决——是不可数正弦波的傅里叶级数的一个推广。这与乔夫以前遇到的无穷问题不同，属于高阶无穷。当我向他解释这个问题时，太阳开始下山了。伴随着长岛海湾的波浪声，我们坐在沙滩上讨论着数学问题。

当夜幕降临时，我们回到他的家里。在我开车离开前，他和苏为我们准备了简单的晚餐——中午吃剩的饭菜。

我吻了苏，和乔夫相拥告别。当我踏出房门时，他递给我一封信，上面写着我的地址。

我上车后，打开了信，在信的结尾，他写道：

我刚刚才想到，你来时把信直接给你，可以省去邮票钱。我承认，对于即将到来的见面感到紧张。我们多年的友谊 / 通信对我意味着很多。满脑子里想的都是你要从纽约驾车来看我了。

祝你一路平安！

乔夫

他对要见到我感到紧张。难以置信的是，我对见到他也感到紧张，究竟是什么令他紧张呢？

THE CALCULUS OF FRIENDSHIP

第 13 章

时间总是推着你，这就是人生

我确实从他身上学到了东西，
这些东西具有深刻的数学含义，
那就是如何生活。
但与芝诺不同的是，
他不仅用脑，而且用心去面对。

微积分的思想最早可以追溯到古希腊哲学家芝诺的一系列关于时间、运动和变化的悖论。其中最著名的是阿基里斯和乌龟赛跑的故事。

> 设想一下，伟大的战士阿基里斯和笨拙的乌龟开始一场跑步比赛。乌龟先开始跑，等到阿基里斯跑到乌龟出发的地方，乌龟又向前爬行了一段距离。等到阿基里斯跑到了乌龟刚才爬到的地方，乌龟又向前爬了一段，因此仍处于领先位置。如此这样下去，跑得很快的阿基里斯永远也追不上跑得很慢的乌龟。

由于这跟人们的常识是相反的，芝诺得出了常识是错误的结论。变化是一种错觉。人应该相信自己的头脑，而不是其他东西。

大部分数学家都会告诉你，芝诺混淆了无穷级数的概念。现在我们有了微积分，芝诺的悖论就迎刃而解了。然而，我却对使芝诺烦恼的东西深有感触。翻阅我和乔夫写的信，我深刻地意识到过去对现在的意义，时间总是在后面推着你向前。处于缓慢移动的现在，我和乔夫就像被时间追逐的乌龟。

快一点，再快一点

乔夫知道我在写关于我们的书。每当我们在电话里聊起这本书时，他就说真希望自己能够在有生之年看到这本书出版。

回到 2007 年，那时我们已经大约两年没有联系了。2007 年 5 月 15 日，我为那么长时间没有和他联系写信道歉。几天以后苏给我打电话。“乔夫第二次中风，”她说，“这次中风对他的双眼造成了很大的伤害，他的右眼几乎失明了，但左眼的视力还好。他不能再开车了，但还是骑着自行车、载着他的皮划艇去河里运动，他本来很敏捷的思维也慢慢不行了，但他仍然记得过去的事情。要我把电话给他吗？”

当然，我说，我非常愿意和他聊天。

听到他现在的状况，我很恐惧。

乔夫接过了话筒，他的声音还是那么温和。“不用担心，”他安慰我说，“虽然我向右只能看到 7 度的范围，但只要想着，我现在来到右手边的门了，我就会转头。我的脖子仍然灵活。”

几个月以后，我给他写了封短信，请求他同意复制其所有信件。他用颤抖的手给我写了回信，信里有几处被划掉的地方，这显然令他尴尬。

亲爱的史蒂夫：

我的短时记忆在上一次中风的时候受到了损害，但我仍然可以独自骑自行车回家，也还能在我们这儿的河里划皮划艇。

我很高兴你把我们这些年的通信写成书，我也给你完全的授权把它编辑出版。多少次你为我解答了令我困扰的数学问题，以至于我的学生们上课时的第一句话就是：“今天有史蒂夫的信吗？”

在我从老师变成学生的这段友谊中，我不能相信这些信不是一个奇迹。

正如你所看到的，写这封感谢信的时候我做了很多修改，但我仍然想表达这些年对你最诚挚的谢意。

（我会让苏校对这封信的。）

此致！

乔夫

2007 年 11 月 5 日，星期一

在写这本书的时候，我一直在思考：我从乔夫身上学到了什么？这么多年来，就数学而言，我学到的并不多，即使在上高中的时候也是如此。但现在我开始意识到他所给予我的。

他让我教他。

在我还没有学生之前，他是我的学生。

他知道那正是我最需要的，他推动我、鼓励我、帮助我，像所有伟大的老师所做的一样。

但我现在发现，我确实从他身上学到了很多东西，这些东西具有深刻的数学含义，那就是如何生活。从他的兴趣爱好，到他应对生活的起伏和波折的方式，都可以看出乔夫是个勇于面对变化的人。他喜欢变化并且能从容应对。 如果有可能，他甚至会从中发现乐趣。爵士钢琴、风帆、激流回旋的皮划艇运动，所有这一切把不可避免与无法预测——世界变化的两极平衡起来。秩序和混沌，一种是微积分可以处理的变化，一种是微积分不能处理的变化。但乔夫可以面对这两种变化，与芝诺不同的是，他不仅用脑，而且用心去面对。

海伦公式，幸福在前方

乔夫写给我的最后两封关于数学的信是在 2005 年，正好在他第二次中风之前。让他着迷的问题是几何里的一个经典问题：怎样用三角形的三条边长来求它的面积。对直角三角形来说这很容易，但对任意三角形而言，答案是利用再也没人教的公式——以其发明者、古希腊数学家命名的海伦公式。

那些旧信件使我忍俊不禁，他自寻的烦恼，其实是幸福的烦恼，是在逻辑论证中的纯粹快感。

亲爱的史蒂夫：

我想你听到最近发生的这件事，会感到可笑。卢米斯学校以前的一位毕业生给我写了一封信，里面附上了她在一次讨论中做的笔记，那是关于对海伦用三角形边长计算其面积的证明。证明里毫无悬念地运用了大量的几何知识（我很想知道，到底什么是循环四边形）。

我看了她的部分笔记，决定采用一种利用三角知识的现代方法，自己来证明海伦公式，我想这一定会非常有趣。

在尝试几种思路都没有进展、详细写了很多行的证明却发现自己又回到了起点之后，我想到了一个有可能会有效的方法。如果现在你有空的话，可能会从我为了证明海伦公式所用的曲折的数学历程获得乐趣。

在卢米斯学校的时候，我想数学老师们不加证明就接受了 $\sqrt{s(s-a)(s-b)(s-c)}$ 。有些退休的朋友用玩字谜游戏来保持自己头脑的灵活性，但我对这种游戏毫无兴趣。我从前在威尔布里厄姆读书时的几何老师曾跟我说，没有任何事情能比得上花一晚上的时间来证明一个几何定理更让他感到满足的了（这对 15 岁就沉迷于体育运动的他来说，好像很奇怪）。

任务：证明$\triangle ABC$的面积$=\sqrt{s(s-a)(s-b)(s-c)}$，其中半周长$s=\dfrac{1}{2}(a+b+c)$ 。

图 13-1 中 O 是三角形的内心，所以很容易得出三角形面积 $=Rs$，接着我要计算切线的长度。

$$2s=2t+2(c-t)+2(b-t)$$

$$\begin{cases} s=b+c-t \\ 2s=b+c+a \end{cases}$$

$$s=a+t\ ,\quad t=s-a$$

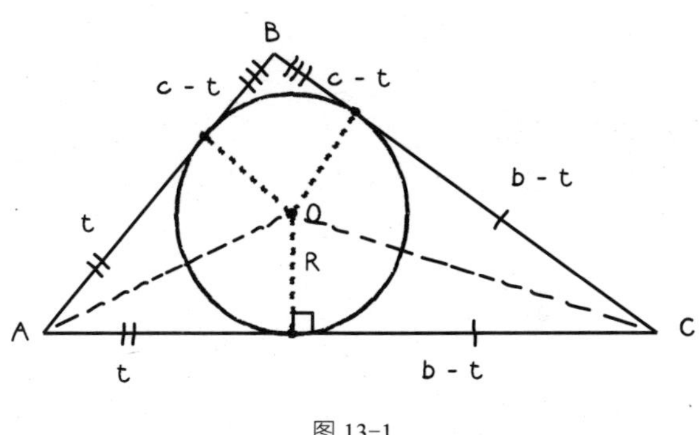

图 13-1

通过循环置换 a, b, c，可以给出其他的切线长度（见图 13-2）。

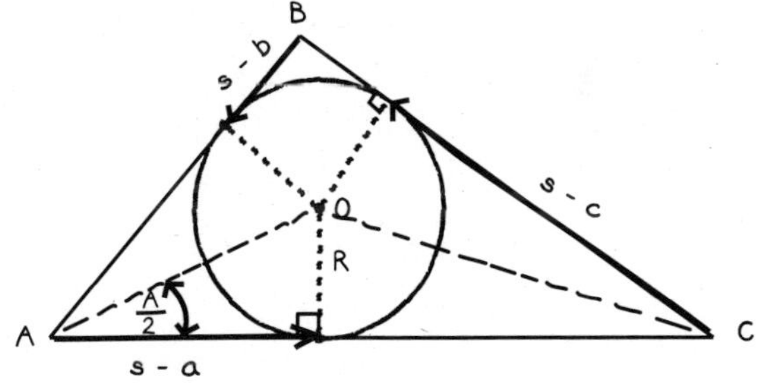

图 13-2

$$\left.\begin{aligned}\tan\frac{A}{2}=\frac{R}{s-a}\\ \tan\frac{B}{2}=\frac{R}{s-b}\end{aligned}\right\}\Rightarrow \tan\frac{A}{2}\tan\frac{B}{2}=\frac{R^2}{(s-a)(s-b)}$$

同理：$\tan\frac{A}{2}\tan\frac{C}{2}=\frac{R^2}{(s-a)(s-c)}$

$$\tan\frac{B}{2}\tan\frac{C}{2}=\frac{R^2}{(s-b)(s-c)}$$

相加得出：

$$\tan\frac{A}{2}\tan\frac{B}{2}+\tan\frac{A}{2}\tan\frac{C}{2}+\tan\frac{B}{2}\tan\frac{C}{2}\ [\text{方程}(1)]$$

$$=R^2\left[\frac{1}{(s-a)(s-b)}+\frac{1}{(s-a)(s-c)}+\frac{1}{(s-b)(s-c)}\right]$$

$$=R^2\left[\frac{s-c+s-b+s-a}{(s-a)(s-b)(s-c)}\right]$$

$$=\frac{R^2 s}{(s-a)(s-b)(s-c)}$$

中间代入：

$$\frac{A}{2}+\frac{B}{2}=90^\circ-\frac{C}{2}$$

$$\tan\left(\frac{A}{2}+\frac{B}{2}\right)=\frac{1}{\tan\frac{C}{2}}$$

$$\frac{\tan\frac{A}{2}+\tan\frac{B}{2}}{1-\tan\frac{A}{2}\tan\frac{B}{2}}=\frac{1}{\tan\frac{C}{2}}$$

$$\tan\frac{A}{2}\tan\frac{C}{2}+\tan\frac{B}{2}\tan\frac{C}{2}=1-\tan\frac{A}{2}\tan\frac{B}{2}$$

$$\tan\frac{A}{2}\tan\frac{B}{2}+\tan\frac{A}{2}\tan\frac{C}{2}+\tan\frac{B}{2}\tan\frac{C}{2}=1$$

漂亮！（也许我本应该知道三角形的这个属性，但能够发现它也很好。）回到方程 (1)，

$$1=\frac{R^2 s}{(s-a)(s-b)(s-c)}$$

$$R^2=\frac{(s-a)(s-b)(s-c)}{s}$$

$$R=\sqrt{\frac{(s-a)(s-b)(s-c)}{s}}$$

$$\triangle ABC\text{ 的面积}=Rs=s\sqrt{\frac{(s-a)(s-b)(s-c)}{s}}$$

$$=\sqrt{s(s-a)(s-b)(s-c)}$$

很好!

退休后的生活好像比以往任何时候都更加忙碌了。每天都有很多事情要做，而且总也做不完，这种感觉真好。下周六我会去威尔布里厄姆教堂做个简短的演讲，是关于我以前的物理和化学老师菲尔·肖的，他也是我的田径教练。因为他，我才选择念师范学院。

那天晚上 7 点至 8 点，我的悠闲爵士三重奏会在立法联合会的鸡尾酒会 / 招待晚会上演奏。第二天上午，我们的三重奏要去旧塞布鲁克的午餐音乐会上表演，音乐会从上午 11 点到下午 2 点。

我今年开始帆船运动比较早，尽管气温和水温都还很低。划皮划艇和骑自行车让我可以逃离世间的喧器，享受长岛海湾的宁静（很快情况就会变化）。至少电力船不会闯入潮汐。

哦，如今生活方式变得非常复杂。我庆幸自己能够回避这些困扰。

向你、卡罗尔、莉娅和乔安娜表示最诚挚的问候。

乔夫

2005 年 6 月 4 日，星期六

乔夫：

您那封写有对海伦公式精彩证明的信，送到我现在所在的尼尔斯玻尔研究所了。从 1 月份开始，我和卡罗尔、莉娅、乔安娜在这儿度过了一个美好的假期。

太喜欢哥本哈根的生活了，这里非常适合孩子成长，每家银行或商业机构都有游戏区。人们的英语说得也非常好，简直像美国人一样。他们拥有令人难以置信的公共交通以及各种服务设施，例如，我们附近的那个游泳池就是奥运会标准的，周围有许多大理石的雕像。

总之，我们真舍不得离开，但两天后，我们就要走了。让我花了 6 个月时间进行研究的是英国千禧年大桥的晃动问题（我在我的那本著作《同步》中写过这个问题），它形成的原因是当行人走在上面时，其步调在不经意间与大桥的轻微摆动同步，从而放大为晃动。

这是个具有历史意义的地方，它实际上是玻尔的故居，它旁边的建筑物也很棒。我很高兴能被邀请在会堂的 A 厅演讲，这里还保持着 20 世纪 20 年代的原貌，那时玻尔、海森堡、保利、迪拉克以及其他大师，就是坐在这间小屋子里为新建立的“量子力学”争论不休的。

好了，长话短说——我们正在抓紧收拾行李，准备重新去过喧嚣的美国生活了。希望回家后，用通常的金博尔厅地址，可以很快给您写封长信。但我想您看到与平常不同的信封和回信地址会感到快乐，所以我忍不住赶快把这封短信寄出。

再见！

史蒂夫

2005 年 6 月 19 日

---

76 岁老人的告白

亲爱的史蒂夫：

哇！从尼尔斯玻尔研究所寄来的“特快专递”？！这真是让人梦寐以求的邮戳。对了，你在休假的时候有没有学丹麦语？

这封信是我对自己 76 岁时的智力水平的自白，真让人脸红。我的朋友妮娜把她关于海伦公式证明的笔记寄给了我，里面还附了以“有趣的事”为题的后记。一个是关于她所提到的证明可能来自阿基米德的备注。另一个是“可以用海伦的面积公式间接证明毕达哥拉斯定理”的评论。

第二条使我萌生了运用 $A=\sqrt{s(s-a)(s-b)(s-c)}$ 证明毕达哥拉斯定理的想法。我首先从直角三角形开始（见图 13-3）：

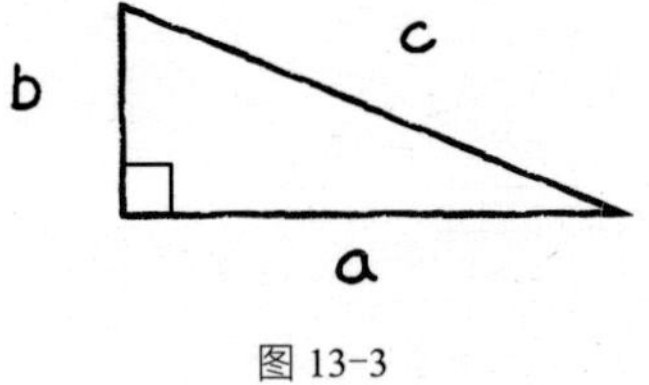

图 13-3

然后假设它的面积等于 $\frac{1}{2}ab$，接着通过边长和半周长的代数推导，得到 $a^2+b^2=c^2$。不完全是高深的东西。由于要证明毕达哥拉斯定理，所以可能要用到圆，但我没有核对海伦（阿基米德？）的证明，是否用到了毕达哥拉斯定理。是的，我正穷于应付更令人尴尬的事情呢！

有一天，我想起妮娜“有趣的事”后记中提到的另外一条：已经证明了四边形 *ABCD* 的面积为

$$A=\sqrt{(s-a)(s-b)(s-c)(s-d)}$$

并且当令 $d=0$ 时，四边形就变成了三角形，则

$$A=\sqrt{(s-a)(s-b)(s-c)}$$

我的信在这里不连贯了。请耐心看下去（很多物理学家在普朗克要把他们带到新的能量水平时，也必须得有耐心）。

去年冬天，和我住同一条街的邻居、一个单身女士，请我为她去年冬天造的 4.5 米长的皮划艇建一个船坞。因为我有很多废木料，我就做了个模型，看如何更好地利用她买来的防雨布（见图 13-4）。

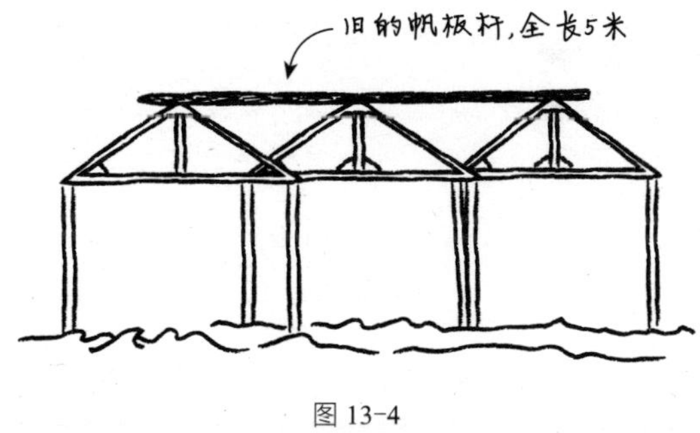

图 13-4

我知道四边形不是一个稳定的图形，所以你可以看出我在这个结构中放入了很多三角形的支架。

好了，回到我刚才关于智力水平的自白（假定我大脑的活动降低了好几个能量水平）。我拿出了笔和纸，想证明四边形的面积是 $\sqrt{(s-a)(s-b)(s-c)(s-d)}$ 。用正方形去验证，设未指定的 s 还是等于半周长 $s=\frac{1}{2}(a+b+c+d)$ 。我不断在一条共用边上增加半周长不同的三角形，结果写了很多页。

在经过很多简短的代数计算之后，我怀疑用长方形进行验证是否明智。啊哈！公式成立，就在此时，灯泡闪了几下（瓦数很低，肯定不会超过 40 瓦）。长方形很容易变形为和它具有相等半周长的平行四边形。我画了一幅卡通画来谴责自己用四边形的边长计算其面积的尝试次数（见图 13-5）。

图 13-5

阿哈!

也许有些教育类的出版商会愿意引进一本《真情告白》的杂志（教师版）。

我可能是奇闻逸事的一个来源:

有一年的春天，我上多元微积分课，在黑板上写证明时遇到了麻烦，正在苦苦思索下一步该怎么办时，我的学生亚当·多克特罗夫举起了手，然后告诉我应该怎么办。我表扬了他，然后问道:“你从哪儿学到的？”他回答:“噢，去年秋天您教给我的呀！”

嗨，史蒂夫，我很幸运，在卢米斯教书时遇到这么多智力非凡的学生……包括一个在立法会的年轻人，他对惠更斯原理非常着迷。有一次，他在查菲体育馆演出的喜剧中，穿上白大褂，在黑板上证明 2=1。

嗯，到时间了，我得去帮邻居建船坞了。

我爱你，史蒂夫!

乔夫

2005 年 7 月 26 日，星期二

译者后记

“学好数理化，走遍天下都不怕。”毫无疑问，数学很重要，但我一直对它敬而远之。因为我曾经接受的数学教育让我有两点感受：一是难，二是这些艰深的数学在生活中几乎用不到。然而翻译这本书让我改变了对数学的看法。首先，数学可以很有趣。比如人在前面走，狗在后面追，怎样用数学的方法描述狗的追赶路径。其次，数学是为了解决问题而生的，不是为了把人难倒。最后，原来数学不只是思维的体操，也是一种哲学，是一种人生观。本书中多数章节的题目都是数学里的问题，而这些问题也同样存在于个体的成长过程当中。例如，当人人都说你应该当医生的时候，你就去学医而不管自己真正的兴趣所在，用数学的语言来说就是无理性。此外我们常常强调要换位思考，这样才能更好地理解他人，进而达到人际和谐的处世之道，其实这也是数学中相对性（共情）的体现。

这本书的核心是师生友谊，一段长达30年的友谊。在师生关系淡漠的今天，这种友谊弥足珍贵、令人羡慕。亦师亦友，我想，这是理想的师生关系。

怎样做才是一位完美的老师？本书给出了与我们传统意义中的“苦行僧”式的老师完全不同的答案。乔夫里先生从教49年，教学充满热情，得到同行、家长和学生的一致认可。他爱好广泛，划皮划艇、弹钢琴、做木工活儿，还画卡通。他既生活得多姿多彩，也工作得有声有色，而反观中国的很多优秀老师似乎只能是奉献型的，他们为学生、为工作往往放弃了自己的生活。工作与生活的对立是不是必然的呢？值得思考。

由于书中涉及大量数学专业知识，在翻译过程中可能存在不准确、不贴切甚至是错误的地方，敬请读者批评指正。我的研究生钱玉娟、鲁成、蓝艳玉、韩雪强、吕绍爱、李响及陈朝珍参与了本书的部分初译工作，在此向他们表示诚挚的谢意！

李晓东

本书阅读资料包

给你便捷、高效、全面的阅读体验

本书参考资料

湛庐独家策划

- ✔ 参考文献
  为了环保、节约纸张，部分图书的参考文献以电子版方式提供
- ✔ 主题书单
  编辑精心推荐的延伸阅读书单，助你开启主题式阅读
- ✔ 图片资料
  提供部分图片的高清彩色原版大图，方便保存和分享

相关阅读服务

终身学习者必备

- ✔ 电子书
  便捷、高效，方便检索，易于携带，随时更新
- ✔ 有声书
  保护视力，随时随地，有温度、有情感地听本书
- ✔ 精读班
  2~4周，最懂这本书的人带你读完、读懂、读透这本好书
- ✔ 课　程
  课程权威专家给你开书单，带你快速浏览一个领域的知识概貌
- ✔ 讲　书
  30分钟，大咖给你讲本书，让你挑书不费劲

湛庐编辑为你独家呈现
助你更好获得书里和书外的思想和智慧，请扫码查收！

（阅读资料包的内容因书而异，最终以湛庐阅读App页面为准）

北京市版权局著作权合同登记号　图字：01-2022-2542

图书在版编目（CIP）数据

微积分的人生哲学 /（美）史蒂夫·斯托加茨著；李晓东译. -- 北京：中国财政经济出版社，2022.8
书名原文：The Calculus of Friendship
ISBN　978-7-5223-1542-3

Ⅰ. ①微…　Ⅱ. ①史…　②李…　Ⅲ. ①人生哲学—通俗读物　Ⅳ. ① B821-49

中国版本图书馆 CIP 数据核字（2022）第 123245 号

责任编辑：张怡然　　责任校对：胡永立
封面设计：ablackcover.com　　责任印制：张　健

微积分的人生哲学
WEIJIFEN DE RENSHENG ZHEXUE

中国财政经济出版社 出版
URL：http://www.cfeph.cn
E-mail:cfeph@cfemg.cn

社址：北京市海淀区阜成路甲 28 号　　邮政编码：100142
营销中心电话：010-88191522
天猫网店：中国财政经济出版社旗舰店
网址：https：//zgczjjcbs.tmall.com
唐山富达印务有限公司印装　　各地新华书店经销
成品尺寸：147mm×210mm　32 开　8 印张　140 000 字
2022 年 8 月第 1 版　2022 年 8 月河北第 1 次印刷
定价：69.90 元
ISBN 978-7-5223-1542-3
（图书出现印装问题，本社负责调换，电话：010-88190548）
本社图书质量投诉电话：010-88190744
打击盗版举报热线：010-88191661　QQ：2242791300